马云
为什么考10名左右的孩子容易成功

郑阳◎著

中国财富出版社

图书在版编目(CIP)数据

马云：为什么考10名左右的孩子容易成功 / 郑阳著.—北京：中国财富出版社，2017.7

ISBN 978-7-5047-6564-2

Ⅰ.①马… Ⅱ.①郑… Ⅲ.①马云-人生哲学-通俗读物 Ⅳ.①B821-49

中国版本图书馆CIP数据核字(2017)第181101号

策划编辑 张彩霞　　责任编辑 刘瑞彩
责任印制 方朋远 梁 凡　　责任校对 孙丽丽　　责任发行 张红燕

出版发行 中国财富出版社
社　　址 北京市丰台区南四环西路188号5区20楼　邮政编码 100070
电　　话 010-52227588转2048/2028(发行部)　010-52227588转307(总编室)
010-68589540(读者服务部)　010-52227588转305(质检部)
网　　址 http: //www.cfpress.com.cn
经　　销 新华书店
印　　刷 北京柯蓝博泰印务有限公司
书　　号 ISBN 978-7-5047-6564-2/B·0527
开　　本 710mm×1000mm 1/16　　版　　次 2018年3月第1版
印　　张 17.5　　印　　次 2018年3月第1次印刷
字　　数 235千字　　定　　价 38.00元

前 言

Preface

“教育”，顾名思义，前指教书，后指育人，二者本是一体，不可分割。

但是著名企业家、阿里巴巴集团创始人马云，从他自己多年的从教经历出发，看到了当今“教”和“育”的分离。

——在马云眼中，“教”和“育”的区别在哪里？为什么马云会说，中国的“育”做得远远不够呢？

——为什么在马云眼里，考10名左右的学生，最容易成功？

1

马云，他的成长，就是一个从平淡无奇到出奇制胜的过程。马云从小身体瘦弱、相貌平庸、资质平平，没有谁会注意他，更没有谁会认为他将来能够出人头地。

马云在总结自己的“学习”经验时说：“我在班里面不是前三四名，也不会跌到十名以外，我考91分，努力考94分、95分也有可能，那样我花的时间就太多了。但是我花时间跟别人玩，学到的更多，所以

‘教’和‘育’是两个概念。当然我们现在对于老师、对于学校的期望值太大，教的主体是老师、学校，但是育的主体是家庭，家长得参与进来，老爸看到孩子不对的地方，有没有拍桌子呢？子不教父之过，父母也很重要，你对孩子要带着欣赏。”

马云精于西方企业的运作方式，重视企业文化建设。他经常看历史书、军事书，并能引经据典、灵活运用，用历史上成功战役的案例来指导阿里巴巴一场又一场的“商战”。他擅长用文化为企业打下根基，也便有了“六脉神剑”，即客户第一、拥抱变化、团队合作、诚信、激情、敬业这六条价值观。

与众不同的是，阿里巴巴的价值观不仅仅停留在宣传教育的层面，而且落实在管理制度上。马云倡导简单的企业文化，使文化落地，成为执行本身，形成有远见、有内涵、有创意的执行。

关于他的用人原则，马云语出惊人：“我招聘的时候，不太喜欢一个班里面从小到大是前三名的学生，前三名的学生进入工作岗位，失败概率实在太大。他觉得我就是最好的，我出来也得最好，一点挫折他就掉下去了，社会上不吃这一套。而往往最好的学生是什么呢？十名左右，读书不是很用功，他搞来搞去就是十名左右。”

2

马云这样看待“教”和“育”。他说：“小学的时候，教很重要，育更重要。小学、初中、高中、大学本科，是要有规律的，小学的孩子，必须要有舞蹈、音乐、运动。小学的时候，我们要教的是价值观，一定要教他怎么学会做人；小学的时候，孩子求知欲很强，必须让他学会玩。初中该记的时候就记，那是记忆力最强的时候。”

“到了高中的时候，很容易迷茫，考什么大学？考什么专业？到底要干什么？所以高中要培养兴趣，高中的时候，一定要让年轻人找到未来感兴趣的东西，他找不到，就鼓励他，‘没关系，有一天你会找到’。然后到了大学，学的是知识结构，研究生要研究的是方向，博士学习哲学的思考，宗教和信仰的力量，这些都是贯穿的。”

“我特别鼓励孩子要会玩，最聪明的孩子既会玩，也会读书；其次是会玩，未必会读书。会读书不会玩很麻烦。”

马云还透露，他招过几万名年轻人，招聘下来发现一个很有意思的问题——“这些有出息的孩子，小时候都特别会玩，都特调皮。调皮的孩子容易成功，但是调皮的孩子不讨老师喜欢，‘这个孩子怎么这么调皮’，一顿骂，活活把他的天性扼杀住。”

……

这种种，不得不引起父母以及老师们的深思。

3

本书以马云的经典语录点题，以精辟的关键词高度概括，结合他本人以及商业史上的经典案例，剖析他的教育观念和人生价值观念，希望能对处于迷茫期的孩子们有所帮助，能给孩子们的父母一个全新的启迪，广大读者们能够从中汲取智慧和精华，洞悉这位知名企业家的人生理念、教学理念——成长，真的比成功更重要！

目 录

Contents

第一章　考10名没关系，谁没有迷茫过

马云：“我经常跟年轻人讲，他说我现在很迷茫，我说我比你迷茫的事情多得去了，我五十岁了，现在还在迷茫呢。把这些东西跟他讲一讲，他觉得我跟他是同类。谁没有迷茫过，谁没有犯过错误，谁对未来永远是充满自信的？”

第二章　热爱你所做的事情，别在乎别人怎么看

马云：“看到自己的客户烦，就等于老师看到学生烦一样。你躲不开，谁让你选了这个职业，你必须去做。你要欣赏你的学生、欣赏你的产品、热爱你所做的事情，别在乎别人怎么看。”

第三章　“教”是知识，“育”是机遇

马云：“我在班里面不是前三四名，也不会跌到十名以外，我考91分，努力考94分、95分也有可能，那样我花的时间就太多了。但是我花时间跟别人玩，学到的更多，给自己更多的机会。”

第四章　给怯懦多一点鼓舞，境遇靠行动改变

马云：“爷爷跟年轻人讲，这个事情不能干，那个事情干了不行的。年轻人想，你老头子不行，不等于我不行。四五十年过去之后，他发现爷爷讲的真有道理，他又跟自己的孙子讲，你这样不行的，就这么循环。”

马云：“我招几万名年轻人，招聘下来发现有一个很有意思的问题，这些有出息的孩子，小时候都特别会玩，都特调皮。调皮的孩子容易成功。但是调皮的孩子不讨老师喜欢，‘这个孩子怎么这么调皮’，一顿骂，活活把他的天性扼杀住。”

第六章 前3名的学生，可能一点儿挫折就掉下去了

马云：“我招聘的时候，不太喜欢一个班里面从小到大是前3名的学生，前3名的学生进入工作岗位，失败概率实在太大。他觉得我就是最好的，我出来也得最好，一点儿挫折他就掉下去了，社会上不吃这一套。而往往最好的学生是什么呢？10名左右，读书不是很用功，他搞来搞去就是10名左右。”

第七章 人生是体育比赛，要学会竞争与合作

马云：“人家说‘你为什么对足球那么感兴趣？’我对足球本身没有兴趣，但是足球对于中国未来带来的东西是非常重要的。今天我们乡村的孩子们，也对足球、篮球等群体运动极其重要。人生就是体育比赛，只有不停地竞争才会成长。”

第八章　做事先做人，价值观比什么都重要

马云：“小学的孩子，必须要有舞蹈、音乐、运动，小学的时候，我们要教的是价值观，一定要教他怎么学会做人。”

第一章

考10名没关系，谁没有迷茫过

马云：“我经常跟年轻人讲，他说我现在很迷茫，我说我比你迷茫的事情多得去了，我五十岁了，现在还在迷茫呢。把这些东西跟他讲一讲，他觉得我跟他是同类。谁没有迷茫过，谁没有犯过错误，谁对未来永远是充满自信的？”

心系梦想，人生不孤独

"人可以十天不喝水，七八天不吃饭，两分钟不呼吸，但不能失去梦想一分钟。没有梦想比贫穷更可怕，因为这代表着对未来不抱希望。一个人最怕不知道自己要干什么，有梦想就不在乎别人骂，知道自己要什么，最后才会坚持下去。"

——马云

古人云："人之无成，不在无能，唯在无志。"一切伟大的人，追溯其伟大的原因，排在第一位的往往是他拥有梦想；相反，一切平凡的人，其平凡的原因，排在第一位的多半是他没有梦想。可见，梦想对于一个人的未来起到了主导性的作用。这是一个亘古不变的成功哲理：有志者，事竟成！

在一期由中央电视台主办的创业英雄会上，马云作为应邀嘉宾在会上做过一次简短的演讲。演讲一开始，马云就这样说道："作为一个创业者，首先要给自己一个梦想。"

给自己一个梦想的重要性体现在哪儿？如果你是一个对人生无所谓的人，那么梦想也许对你来说无关紧要；但如果你是一个有志气的人，是一个想要最大化实现人生价值的人，那么梦想就很关键了。

回顾马云的人生，我们会发现他能够走到今天，梦想的确是他最重要的支撑点之一。

马云第一次听说互联网，是一个很偶然的机会。1995年，对电脑一穷不通的马云，通过去美国做翻译的机会，经朋友的帮助和介绍，开始了解互联网。他对互联网产生了极大的兴趣和信心，马云感觉人类总有一天会被互联网改变，而生活的方方面面都会受到互联网的影响。但是谁可以改变互联网，人类生活又将受到哪些影响？马云当时并没有想清楚这些问题，只是隐隐约约感觉到将来他想做的就是这个。

所以马云从美国回来以后，请了24个朋友到他家里，马云当着大家的面宣布他准备从大学辞职，要做Internet。那个时候互联网被人们翻译成“因特耐特”，并不叫互联网，并不懂技术的马云花了将近两个小时的时间来说服这24个人，这是一件很有意思的事情。马云肯定不能在两个小时内就讲清楚互联网究竟是什么，他的24个朋友也肯定听得糊里糊涂。两个小时后，大家投票表决，结果只有1个人表示支持，其余的23个人都持反对的态度。大家觉得这个东西肯定不靠谱，再加上马云自己又不懂电脑，所以大家对马云都没有什么信心可言。但是马云思考了一个晚上，第二天早上还是决定要辞职，去实现自己的梦想。

晚上想千条路，早上起来走原路，是很多游学年轻人的心态。如果不采取行动，不让自己拥有一个实践的机会，要想成功几乎就是天方夜谭。就这样，因为要实现自己的梦想，马云走上了创业之路。他做了“中国黄页”网站，“阿里巴巴”网站，还做成了淘宝网、支付宝、阿里妈妈、天猫、一淘网、阿里云等国内电子商务知名品牌。马云的每一步都走得异常艰难，几乎没有人认可和相信他的任何一次梦想。好几次都是以小博大，艰难取胜，非常惊险。

马云的梦想奋斗史，就是一部将所有曾经怀疑过、打击过他梦想的人都颠覆了的奋斗史；也是改变中国上亿人经商、购物、上网习惯的引领史；同时更是阿里集团数万员工和淘宝、阿里上无数店家和中小企业梦想的承载者。马云在梦想的道路上有汗水，也有泪水。马云在梦想的带领下走了非常久，也非常远。

给自己一个梦想，这是马云传递给整个社会的智慧。一旦将这种智慧扩散开来，社会将形成一股梦想之力，随之而来的必然是一种动力，一个个因梦想而改变的人生，一个因梦想而伟大的时代。

1983年的一天，一个女婴在美国亚利桑那州图森市的一家医院呱呱坠地，令人惊愕的是，女婴一出生就没有双臂，连见多识广的医生也无法解释这个奇怪的现象。

虽然身体上有不可弥补的缺憾，女婴还是在父母的疼爱下成长为一个可爱的小女孩。

有一天，女孩站在阳台上，看到一群与自己同龄的孩子在阳光下欢快地奔跑着，他们正张开天使翅膀般的双臂追逐翩翩起舞的蝴蝶，女孩十分伤心地向母亲哭诉命运的不公，上帝竟然不肯给她一双拥抱世界的手臂。

母亲温柔地安慰她："亲爱的宝贝，或许上帝的确有些偏心，但他是要送给你更多的梦想，他是想让你用行动去告诉人们——即使没有翅膀，也可以高高地飞翔。就像没有修长的十指，你同样可以写出漂亮的文章，可以弹出美妙的琴声……"

女孩仰起头来，不确信地问："我真的能做到吗?"

母亲坚定地告诉她："只要你的梦想没有折断翅膀，你就一定能飞得很高很高。只要你肯付出努力，就一定做得到。"

女孩对母亲的话深信不疑，她的目光一遍遍掠过自己那双看似普通的脚，她对自己说："我有一双非凡的脚，它不只可以用来奔走，还可以用来飞翔。"

从此，女孩开始在父母的指导帮助下，有计划地锻炼双脚的柔韧性、灵活度和力量。因为怀揣梦想，女孩经历了无数次失败，克服了常人难以想象的困难，终于在人们惊讶的眼光中，练出了一双异常灵活的脚。

女孩后来不仅可以用双脚吃饭、穿衣，轻松地实现生活的自理，还学会了用脚弹琴、写字、操作电脑……常人所能做到的一切，她用双脚几乎全做到了。当她自豪地在人们面前展示自己非同寻常的“脚功”时，当初那些用异样眼光看她的人，目光中渐渐地充满了钦佩。

在女孩14岁那年，她彻底扔掉了那副装饰性的假肢，一脸阳光地穿着无袖的上衣，走进校园、商场、街区……她觉得自己除了没有常人那样的一双手臂外，并不缺少什么。

女孩用双脚创造了一个又一个奇迹，从小学到中学，她刻苦读书，作业总是一丝不苟，学习成绩始终名列前茅。她的老师和同学无一不敬佩她的坚毅和自强。

当女孩拿到亚利桑那大学心理学专业的学士学位证书时，父亲自豪地鼓励她：“孩子，你还可以做得更棒！”他们一家人幸福地拥抱在了一起。女孩自信地笑着告诉家人：“爸爸说得对，我还可以做得更棒！”为了保持腿部的灵活性与韧性，女孩需要增强腿部肌肉的力量。为此，她不仅坚持跑步，还成了一家跆拳道馆里小有名气的高手，也是碧波荡漾的泳池里的一条自由穿梭的美人鱼……

在一次体检中，医生指着给她拍的X光片，惊奇地感叹：“她的双脚经过锻炼已变得异常敏捷，她的脚趾关节竟然像普通人的手指关节一样灵活自如。”

后来，女孩走进了汽车驾驶学校，很快便掌握了驾车的各项技术，顺利地拿到了驾照，并能用双脚娴熟地驾车。但是女孩对自己所取得的这些成绩并不满足，她还想要驾驶飞机，拥抱苍穹。

看到亲自驾车来报名的女孩目光中流露出的从容、淡定与果决，曾经培养出许多飞行员的著名教练帕里什·特拉威克就知道，这个女孩一定会像一只矫健的雄鹰那样飞上蓝天。

如他所料，女孩在学习飞机驾驶的时候丝毫不逊色于那些身体健全的飞行员，甚至比不少学员表现得更出色。

她冷静、沉着地用一只脚操纵着控制板，用另一只脚操纵着驾驶杆，滑行、拉起、升空……她的每一个动作都十分准确、到位。教练帕里什·特拉威克后来回忆说："她驾驶飞机时非常冷静和稳定。事实证明，她是一个优秀的飞行员，一旦你和她在一起待上20分钟，你甚至会忘掉她没有双臂的事实。她向人们展示，人可以克服所有的限制，她真是太令人难以置信了。"

女孩在25岁的时候，如愿拿到了轻型运动飞机的私人驾照，开创了美国飞行史的先例，因为她是第一个只用双脚驾驶飞机的合法飞行员。

这个女孩的名字叫作杰西卡·考克斯。她在数百场的演讲中，说得最多的一句话是："你的梦想有多高，你就可能飞多高。"

或许你的梦想会被别人嘲笑，但你却不能嘲笑自己。在你的翅膀不曾展开的那一天，没有人能够真正了解你的能力。相信自己，不忘初心，就算自己的梦想在别人看来是异想天开，你也可以给自己一个拼搏的理由。

正如文学大师林语堂所说的那样："梦想无论怎样模糊，总潜伏在我们心底，使我们的心境永远得不到宁静，直到这些梦想成为事实为止。"要想让自己的梦想成真，就严肃而认真地去面对它、实践它吧！

"人因为梦想而伟大"，马云如是说。对于我们而言，梦想就像是翅膀一样，你的梦想有多大，你的未来才有多宽广。你若是只想做一个吃穿不愁的人，那么你的梦想无异于雏鸡的翅膀，因为你所要的不过是衣食无忧；若是你有更高的追求，渴望看尽天下风景，那么你便会向着雄鹰的方向去努力，不管最终是否能够成为天空的霸主，你至少看到了雏鸡不曾看过的人生美景。

不忘初心，方得始终

“初恋是最美好的，每个人第一次恋爱都是最容易记住的。每个人初次创业的时候，理想都是最好的，但是走着走着就找不到这条路在哪里了，其实你的第一个梦想是最美好的东西。2001年网络泡沫破灭时，那30多家公司，我记得现在全部关门了，只有我们一家还活着。我们是坚持‘初恋’的人，我们是坚持梦想的人，所以能走到今天。”

——马云

人都是有理想的，但能够将理想坚持下去的人并不多。在人生中，失败或许不是一件坏事，成功也未必是最终结果，而坚持理想一定是一件意义重大的事。那些有所成就的人，在获得巨大的成功之前，必须在理想的道路上努力坚持。很多时候，只有始终坚持理想，才会有奇迹发生。

与很多有着光鲜背景的互联网神话制造者不一样，马云的出身很平凡。他没有多少钱，创办公司的时候甚至只能把家当办公室，但马云有自己的特点：他有梦想，能坚持，并且用实际行动努力将梦想变成现实。他经常沉浸在梦想中，并为自己的梦想激动不已。

带着对待初恋一般的热情，马云创立了中国第一个商业网站——中国黄页，他每天出门推销“中国黄页”，说服人家心甘情愿地付钱把企业资料放到网上去。当时大家都不知道互联网是什么，没有人相信他，在那段时间里，马云过的是一种被人视为骗子的生活。

为了拿下杭州一家企业的生意，他一连跑了五趟，但这家企业的老板总怀疑电子商务是骗人的诡计。为了说服这位老板，马云为他收集了大量有关电子商务的资料，一遍又一遍地讲解电子商务这种新型商业模式，告诉他在网上做广告比在其他媒体上做更有效应。

任凭马云费尽口舌，这位老板还是将信将疑。面对这块难啃的骨头，马云没有放弃，临走前向这位老板要了一份企业的宣传材料。几天以后，他带着一台笔记本电脑回来，那位老板看到电脑上显示着自己企业的网页时，才终于同意合作。

提起那段往事，马云感慨良多，他说，那段时间基本上可以说是惨不忍睹，跟骗子似的。当时他跟所有人都说，有这样一个东西可以给别人带来效益，却没有人相信他。但他靠着这股韧劲，最终在1997年年底，“中国黄页”网站的营业额达到了700万元。

马云从创业一路被骂过来，别人都说这种模式不可能，但马云觉得没关系，他不怕骂，只要不往心里去就是了。

追溯起来，阿里巴巴网站的雏形应该就是“中国黄页”。阿里巴巴从成立以来一直备受质疑，但却依旧坚定不移地走电子商务路线。尽管马云相信电子商务也许三年，也许四五年都挣不到钱，但他坚信八年、十年后一定能够挣到钱，所以他首先需要的是存活下来，坚强地活下去。

的确如此，从1995年他在美国首次接触到因特网，回国后创办网站“中国黄页”，到1997年加入中国对外贸易经济合作部下属中国国际电子商务中心，负责开发其官方站点及中国产品网上交易市场，再到1999年正式辞去公职，创办阿里巴巴网站，开拓电子商务应用，尤其是B2B（指电子商务中企业对企业的交易方式）业务，马云始终像坚持初恋一样坚持着自己的理想，并最终将理想变成了现实。

不论遇到什么样的挫折失败，请不要放弃自己的梦想。山重水复疑无路，柳暗花明又一村！不要放弃，坚持自己的梦想，经过了失败的路口，成功已在不远处向你张望！

2002年的诺贝尔文学奖获得者是匈牙利作家凯尔泰斯·伊姆雷。他小时候显得很呆笨。12岁时，他做了一个梦，梦到有一个国王颁奖给他，因为他的作品被诺贝尔看上了。当时，他很想把这个梦说出来，但又怕别人嘲笑，最后只告诉了他的妈妈。

他妈妈说："假若这真是你的梦想，那么，你就真有出息了！我听说，当上帝把一个不可能的梦放在谁的心中时，上帝就会助其完成的。"

结果，他真的喜欢上了写作。

他心想：只要我能经得起考验，上帝会来帮助我的！就这样他开始了自己的写作生涯。三年过去了，上帝没有来；又过了三年，上帝还是没有来。就在他期盼上帝前来帮助的时候，却盼来了希特勒的部队。身为犹太人，他被关进了集中营。在那里，数百万的人失去了生命，而他却靠着"生存就是顺从"的信念活了下来。

第二次世界大战结束后，他被释放，他心想：我又可以开始我的写作了。于是，他又开始了写作。终于在1965年，他写出第一部小说《无法选择的命运》；接着1975年，他完成了第二部小说《退稿》；2002年，他获得了该年度诺贝尔文学奖。

凯尔泰斯·伊姆雷就是因为怀揣着梦想，才克服了重重困难，最终获得了成功。当他怀有梦想，做他喜欢做的事情时，无论面对什么困难，他都不在乎。我们不也是一样吗？当我们树立了一个梦想，千万不要放弃，因为上帝会抽身出来帮你的，帮你实现梦想。

有一个年轻人，从小就有一个梦想：成为一名出色的赛车手。他常常幻想自己开着赛车在赛道上一路狂飙，最后站在了领奖台的最高处。

但是，很可惜，他长大后并没有如愿地成为一名职业赛车手，而是去服了兵役。在接受各种军事训练之余，对赛车痴心不改的他，就在笨重的卡车上磨炼车技，这为他的车技打下了厚实的基础。

退伍后，靠着自己的驾驶技术他在一个农场做司机，虽然不是梦想中的赛车，但他可以拿着这份工作得来的收入去参加业余车队的训练和比赛。遗憾的是，几年过去了，他并没有获得什么像样的成绩，反而因为参赛开销太大而负债累累。

有一次比赛时，他原本很有希望获得好的名次，然而不幸的是，就在比赛进行到一多半的时候，他前面的两辆赛车相撞，连他的车也被撞到了赛道旁的墙壁上，并且车子还起了火。他全身多处被烧伤，被送到医院后，经过7个小时的手术，才保住了性命。然而他的体表烧伤面积达40%，他的手萎缩得像鸡爪一样，医生说他以后再也不能开车了。

但他并没有因此而灰心绝望，他对自己说："昨天已经成为过去，未来正从明天开始。"为了能够回到赛场，他积极接受一系列的植皮手术，每天忍着钻心的疼痛，用那双不完整的手不停地练习抓木条，从而恢复手指的灵活性。

在最后一次手术做完之后，他坚持回到农场去开推土机，他想用这种方法使自己的手掌重新磨出老茧，以便可以继续练习赛车。

凭着良好的心态和过人的毅力，仅仅9个月之后，他就重新返回了他热爱的赛场，并在一次全程322千米的赛车比赛中荣获第二名。

又过了两个月，在上次发生事故的那个赛场上，他赢得了402千米比赛的冠军！他就是美国颇具传奇色彩的伟大赛车手吉米·哈里波斯。

当梦想成为信仰，那些曾经的或者正在经受的遗憾、挫折、失败都不会令我们感到绝望，我们拥有更多的只会是对未来的期许。那矢志不移的梦想追求，怎么会经受不住一时的失意呢？

相信每个人都有过梦想，都曾在梦想的道路上留下或多或少的足迹。成长的路上从来都是成功与失败并存的，我们只有在失败中不断吸取教训，在成功中不断总结经验，才能更快地抵达梦想彼岸。凶猛的野兽被猎人射伤时，它依旧疯狂奔跑，它的梦想也许就是逃出去，然后活下去。我们若拥有胡杨三千年不倒，倒后三千年不死，死后三千年不朽的精神，那实现梦想还会困难吗？

生活中，我们就像生存在孤岛的人，没有交通工具，就永远认为这个世界只属于我们，根本不会晓得天外有人，山外有山；我们就像一粒沙子，在风中慢慢沉淀，你就不会再为梦想努力，你也就永远不会再见到阳光了。

所以，我们要像马云一样，坚持梦想，不断耕耘。怀着梦想坚持航行，才有可能抵达梦想的彼岸；只有顽强拼搏，才会有辉煌的未来。我们要为梦想守候，要为梦想努力，因为我们拥有足够的资本去追逐梦想。我们要一路歌唱，一路努力，为最终实现梦想而拼搏！

摒除杂念，单纯地朝着梦想出发

“小时候其实变换梦想没有关系，你需要去不断地想，不断地去想快乐的事情，其实梦想不需要很大，你去想，你就会做得到。”

——马云

每个人都有属于自己的梦想，也许这梦想有点遥不可及，也许有人会说你是在做白日梦，很多人会在渐渐忙碌的生活中忘记自己的梦想。而那些自始至终都在朝梦想出发的人，离自己的梦想还有多远呢？很多人已经实现了吧。

马云被誉为“创业教父”，他在高尔夫球场上“一杆定乾坤”的故事，更是被商界当作一个传奇广为流传。

那是2005年5月的一天，时任UT斯达康国际通信（中国）公司总裁兼首席执行官的吴鹰，电话邀请不会打高尔夫球的马云一起“去练练”。商业嗅觉敏锐的马云立即料想其中必有深意，于是欣然前往。不出意料，等在加州卵石滩高尔夫球场的，正是一些硅谷投资界、互联网界的大人物，雅虎“酋长”杨致远也在其中。

打球开始的时候，有人提议让同样不会打球的吴鹰和马云一起比赛打定点，看谁打得远，且是一杆定胜负。两人的身材相貌，自然成了众人下注赌谁赢的依据。吴鹰身高一米八，身体壮实，一副体育健将的架势；而马云身高不足一米七，身体瘦弱，俨然是手无缚鸡之力的文弱书生。“以貌取人”的那些重量级人物，绝大多数都赌吴鹰胜出，唯独杨致远一个人赌马云赢。

马云神情淡定地低头站到球前，按照杨致远指导的要领，屏气、转肩、挥杆……“嗖”的一声，白色小球高高飞出。而吴鹰却在一片加油声中，挥杆打空了，小球纹丝不动。结果，吴鹰输，马云赢。就是这一杆，不仅让马云赢了球，还赢来了雅虎中国公司给阿里巴巴注入的10亿美元。

马云之所以会赢，关键在于他的专注和气定神闲，他是赢在了对寻求合作机会的全心把握，以及排除外围干扰的专注定力上。正如马云自己所言：“当你看见10只兔子时，你到底抓哪一只？有些人一会儿抓这只兔子，一会儿抓那只兔子，最后可能一只也抓不住。机会太多，只能抓一个，抓多了，什么都会丢掉。”

在当今快节奏的社会里，许多人都在忙碌，像陀螺一样转个不停，但是有多少人在这忙碌中感到充实？又有多少人在忙碌中获得成功？在忙忙碌碌中，我们应该时常反思：走得对不对？是不是在世俗杂念的干扰下偏离了自己的目标？

列夫·托尔斯泰说：“要有生活目标，一辈子的目标，一段时间的目标，一年的目标，一个月的目标，一星期的目标，一天的目标，一个小时的目标，一分钟的目标。”站在人生的十字路口，我们也要回头想想，我们是否足够专注？当初的目标有没有偏移？

失去了奋斗目标的人生就像一艘没有航向的船，任何方向都是逆风。唯有专注于既定的目标，不为干扰所动，我们才不会迷失在忙碌的人生中。

20世纪50年代早期，美国南加州一个小小的城镇中，一个小女孩抱着一堆书到图书馆的柜台。

这个小女孩是个小读者。家里父母的书塞满了屋子，但都不是她想看的。所以她每个礼拜都会到坐落在一排木结构房子中的黄色图书馆看书，里面的儿童图书馆在一个隐蔽的角落，她就在这个角落里碰运气找她想看的书。

当白发苍苍的图书管理员正在为这个10岁的小女孩所借的书盖上日期戳印时，小女孩渴望地看着柜台上“新书专柜”的地方。她为写书这件事一再地惊叹，在书中开创另一个世界是何等的荣耀。

在这个特别的日子，她定下了她的目标。

“当我长大以后，”她说，“我要当一个作家，我要写书。”

图书管理员检索了她的戳记后，并没有像其他大人一样让小孩谦虚点，而是微笑着鼓励她说：“如果你真的写了书，把它带到我们图书馆来，我会展示它，就放在柜台上。”

小女孩承诺说：“我一定会的。”

她长大了，她的梦也是。

她在九年级时有了第一份工作，撰写简短的个人档案，每写一个档案，地方的报社都会给她1.5美元。对于这份工作，钱的吸引力比让她的文字出现在报刊上的魔力逊色多了。通过这份工作，她的写作能力得到了很大的提高。但这离写一本书还有很长的路要走。

之后，她结婚有了自己的家，而写作的火焰还在内心深处燃烧着。她有了一个兼职的工作，把学校发生的新闻编成周报。但书还是连影子也没有。

她又到一家大报社从事全职工作，甚至还尝试编辑杂志，但还是没写书。

最后，她相信她有话要说，于是开始了创作。她把成品送给两家出版商过目，但遭到拒绝，于是她悲伤地把它丢在一旁。7年后，旧梦复燃，她有了一个经纪人，她又写了另外一本书。

她把藏起来的那本书也拿出来，准备一起出版。很快地这两本书都找到了出版商。

但书的出版比报纸慢得多，所以她又等了两年。有一天，装有新书的一个邮包寄到了她家，她打开一看，哭了起来。等了这么久，她的梦终于实现了。

她记起了图书馆管理员的邀请和她的承诺。

当然，那位特别的管理员早已去世，小图书馆也扩建成了大图书馆。

她打电话问了图书馆馆长的名字。她给这位图书馆馆长写了一封信，说以前的图书馆对一个小女孩的意义有多重大。她写信问她是否可以带两本书送给图书馆，因为这对当时那个10岁的小女孩而言是件大事。图书馆复电表示欢迎，就这样她带着她的两本书回去了。

她发现新的大图书馆就在她母校对面，几乎就在她老家旧址上，从前的房屋已经都拆除了，变成一个大商场，还有这间大图书馆。

她把她的书交给图书馆工作人员，工作人员把它们放在柜台上，还附上了解说。她看着这一切，激动地泪流满面。

她拍下一张照片留念，接着拥抱了图书馆工作人员之后便离开了。虽然经过了三十多年，但她终于梦想成真，兑现了承诺。

太过于计较得失的人，会在梦想面前犹豫不决。他们甚至会计算为了达到梦想他们要付出多少时间和金钱。在追求梦想的路上被这些琐事绊住脚，是多么的不值得。

胸怀大志，世界都会为你让路

“我不相信我们创造不出一家世界500强公司来，我就不信中国这个市场诞生不出世界上最伟大的企业家！30年以前，比尔·盖茨说，30年以后人类社会每个办公桌上都将有一台电脑。说这句话的时候，别人都以为他是疯子。这里，我马云判断，10年以后，全世界十大互联网公司中一定有3家是中国的，而世界3强之中一定有一家来自中国；10年以后的世界500强企业中一定会有一家来自于中国的民营企业。”

——马云

有人说，梦想很丰满，但现实很骨感。大部分的梦想都非常远大，没有人不愿意站在顶端俯瞰这个世界，而为了梦想付出一切的人也不在少数，但可惜的是真正能够站在顶端的人实在太少了。是能力不足还是不够努力？

其实，梦想就是我们眼中的一个目标。在时间的累积过程中，人们会遇到各种各样的阻碍，现实太过残酷，所以梦想也随着时间的累积而变得遥遥无期。可现实是，努力了，总会接近梦想；不努力，将一事无成。

拿破仑说过，不想当将军的士兵不是好士兵。如果只看着眼前，那么就谈不到梦想，只有清楚自己前行的方向，才能在属于自己的路上走出精彩的人生。如果只想着自己在做什么而不知道自己要做什么，那么只能落后于人。

从创立阿里巴巴开始，马云就把目标锁定在了国际市场。马云说："我们要打开国际电子商务市场，培育中国国内电子商务市场。"当时互联网的核心技术和核心企业都在西方，能向互联网投资的主流资金也都在西方，所以马云决定利用一切可能找到的机会，首先"搞定"国外市场。

马云既然将未来的公司定位为全球公司，名字就应该是响亮的、国际化的。马云之所以选择"阿里巴巴"这个名字，就是因为马云希望他的网站成为全世界的十大网站之一，也希望只要是商人一定要用他的网站。为了能有一个国际化的名字，马云其实思索了很久。马云说："我取名叫'阿里巴巴'不是为了中国，而是为了全球，我做淘宝，有一天也要打向全球。我们从一开始就不仅仅是为了赚钱，而是为了创建一家全球化的、可以做102年的优秀公司。"

有了适合国际路线的名字之后，阿里巴巴就避开国内市场，直接进军国际了。马云的策略是：办一个市场就像办一个舞会，先把女孩子请进来，再把优秀的男孩子请进来，这样做市场就会变得越来越大。

对于买家和卖家来说，买家是女孩子，卖家是男孩子，而办舞会成功的关键就是要能请到优秀的女孩子来参加。于是，为了吸引客户，阿里巴巴都是免费的。同时马云带着团队到处宣传，只为请大家进行交流。

这就是1999年、2000年阿里巴巴的战略，即迅速进入全球化，成为全球电子商务企业。这样，在国内互联网竞争开展得轰轰烈烈的时候，阿里巴巴已经悄悄地在国外进行宣传造势了。为了达到这一目的，马云不断在欧洲和美国做演讲。当时来听的人并不多，最惨的一次，马云在德国组织演讲，一千五百人的场地结果只来了三个人，马云虽然也觉得很丢脸，但为了宣传，还是坚持演讲。

马云说："我们绝对是放眼世界的，真正做到打到全世界去。"时至今日，马云的目标终于实现了，他已经让全世界见识了阿里巴巴的神奇，并已经让全世界知道，阿里巴巴是中国人创办的公司，阿里巴巴是一家让全世界华人骄傲的中国公司。

我们将自己困在眼前自然难以有所突破，梦想也被限制，只想登上土坡就满足的人无法登上高峰。唯有站在自己的位置抬头看，才能看到自己的渺小，才能知道自己未来发展的空间有多大，如果惧怕前路，那么就只能在原地止步不前。

我们缺乏的往往不是能力，而是梦想。无论梦想有多么遥远，都有实现的可能，但是没有了起点，那么自然一切也只能成为泡影。成功的方法有很多种，人们所欠缺的并非方法，而是成就梦想的目标。

年仅17岁的美国女孩塔莉亚·勒芒已经是一家慈善机构的首席执行官了。2005年，"卡特里娜"飓风袭击美国新奥尔良，她从电视里看到了灾区的画面。塔莉亚对坐在一旁的爸爸说："我觉得我需要做点事情。现在大家都在谈论应该做什么，但我觉得无论如何，我们应该立即采取行动，而不是在那里说空话。”

当时年仅10岁的塔莉亚开始为受“卡特里娜”飓风影响的灾民募捐，她把自己全部的零用钱都拿了出来，接着又拿出笔，在纸上写下号召青少年为灾民捐款的行动计划。

塔莉亚说服了美国中西部一家连锁超市，使对方允许她在他们的购物袋上登募捐广告，并印刷了850万份贴纸。塔莉亚给政府和学校发电子邮件，希望他们也能加入募捐行动。当地一家电视台和一家报纸进行了专题报道。

塔莉亚原先设定的目标是募集100万美元，但是通过跟美国4000所学校的联系，她最终募集到了1040万美元的认捐数额。在这次的“卡特里娜”风灾中，美国学龄儿童和多家世界500强企业一起，成为前十大认捐者。

此次募捐活动的成功，让塔莉亚看到了孩子的力量，她认为这股力量可以在解决地球面临的其他问题上发挥作用。

2006年，在母亲达娜的帮助下，塔莉亚和朋友一起创立了非营利组织RandomKid。塔莉亚希望通过这个组织可以让更多的青少年突破文化、种族、地域和能力的界限，合力解决地球上的实际问题。塔莉亚担任RandomKid的首席执行官，“任何人都有力量”是他们的口号，塔莉亚也经常以此为主题发表演讲。

在随后的两年时间里，塔莉亚与来自美国50个州以及19个国家和地区的孩子们有过合作，并与近一万名儿童捐助者直接或间接地接触。塔莉亚通过社交网站和RandomKid网站，聚集了来自20个不同国家和地区的1万名青少年。她募集的善款大约有35万美元，改变了世界各地7000名受益人的生活。

“卡特里娜”飓风后，塔莉亚和组织成员为美国路易斯安那州斯莱德尔市的200名儿童翻修了一所学校；她还为家乡艾奥瓦州的500名残障儿童建立了一个互动式游戏中心；在柬埔寨一个村庄为300名儿童建了一所学校；此外，她还为海地的儿童提供拐杖和义肢，为非洲一些缺水的地区购买水泵等设施。

塔莉亚除了建设自己的慈善网络，还激励其他人加入慈善事业。她经常在网络上组织国际青少年研讨会，为那些有心做慈善的同龄人制定实现慈善目标的策略。塔莉亚说："我们的目标是利用青少年们美好的一面去让世界变得更美好。我们给他们提供方法和渠道，让他们相信自己的确有改变世界的力量。"

2011年，塔莉亚获得了美国公共服务领域的最高奖项——国家杰弗逊奖。《纽约时报》专栏作家尼古拉斯·克里斯托弗曾为塔莉亚撰文，提出支持她出任2044年美国总统。对此，塔莉亚说："至于做总统，我还要先上大学拿到文凭，然后再想想。重要的是，我知道，我即使不当总统，也能改变世界。"

志向是极可贵的精神力量。一个想有所成就的年轻人，必须狠下心，为自己立下一个能激发动力的远大志向。有了它，才不会浑浑噩噩地混日子。

人生如黑夜行船，志向就是前进途中最亮的航标灯，有了它，你才会乘风破浪地前进，而不至于被狂风巨浪吞没；人生如攀登险峰，志向则是险峰上的制高点，有了它在顶峰闪光，你才不会为留恋半山腰的奇花异草而停止攀登的步伐。诚然，"直挂云帆济沧海"的雄壮当属志在四方的人，"一览众山小"的豪迈当属志在高处的人。人生如同在荆棘丛生的野外跋涉，每走一步都是那样艰难。胸无大志者会退缩，而心存大志者却义无反顾地大步向前，明知前方荆棘遍地，明知前方野兽出没，他仍充满希望，勇敢地划起生命之舟。

"三军可夺帅也，匹夫不可夺志也"，这是万世师表的孔子对理想的认识。“十有五而志于学”的他，虽四处游说，到处碰壁，仍矢志不渝。试想：若不是十五岁便立下大志向，哪里会有对后世影响至深的儒家经典呢？

现实社会中，很多人都有自己的志向，但是却不敢立大志，对自己缺乏足够的信心。其实我们应当深信：志当存高远，立志就要立大志。俗话说：“有志者事竟成。”只要我们有坚定不移的奋斗目标，并且为着这个目标而不懈努力，终有一天一定会让目标成为现实的。

心有多大，舞台就会有多大

“我们要建成世界上最大的电子商务公司，要进入全球网站排名前十位！”

——马云

人要有梦想，有梦想才有前进的动力，如果没有梦想，那么人生就会失去方向。梦想，是人生前行的指路灯，只有梦想可以使我们有希望，也只有梦想可以使我们保持充沛的想象力与创造力。

第一次高考落榜的马云垂头丧气，他觉得自己根本不是上大学的料，也没那个好命，便准备去做个临时工以贴补家用。马云与表弟一起到西湖边上的一家宾馆应聘，他只想做个端盘子、洗碗的服务生。结果，陪马云一起去的表弟被顺利录用了，马云却遭无情拒绝。被拒绝的理由很简单，表弟长得又高又帅，而马云长得又矮又难看。

万般无奈之下，马云只好去寻找那些不要求长相好看，有力气就行的活儿干。通过父亲的关系，马云找到了杭州《东海》《江南》等杂志社，为他们打零工、送杂志。于是，在炎炎烈日之下，在狂风暴雨中，杭州城里多了一个18岁的瘦弱少年，他肩上披着一个比他身子短不了多少的大毛巾。这个少年一边擦汗，一边用力蹬着那笨重的三轮车，沿着崎岖不平的小路，缓缓而行。

这可能是马云一生最辛苦的时候，他每天出苦力的唯一报酬，就是赚取那微不足道的运费。可以想象，对一个刚刚成年的男孩子而言，这条路如果日复一日、年复一年地延伸下去，他的未来也许就这样了。但是，当时的马云虽然是个彻头彻尾的穷人，却有着成为富人的野心。于是，马云开始拼搏奋斗，从学英文到创立海博翻译社，从“中国黄页”到阿里巴巴，他终于成功了。

马云成功的故事给了我们很大鼓舞，让我们知道即使是个穷人，也要有成为富人的野心。成功起源于强烈的心理企盼，是自我寻找、最终自我超越的结果。

街上每天都有无数的奔驰车驶过，也许你现在无法拥有，但这并不可悲，可悲的是你从来不敢向往去拥有它。人可以贫困，却不可以潦倒，穷人是可以成为富人的，关键是你是否拥有成为富人的野心。其实，人生最大的悲剧就在于梦想的消失。人人都应该有梦想，有野心。没有梦想和野心，生活的热情将会枯竭。

法国的富豪中有一个年轻人——巴拉昂，他成为传奇不仅仅是因为他的年轻，还因为他只用了10年的时间就累积了足以跻身富豪榜的财富。

巴拉昂最初只是一个普通的推销员，生活非常穷困，只能靠推销肖像画谋生。后来的10年之中，他通过拼搏成了媒体大亨。在他即将辞世的时候，他再一次成为人们新一轮的焦点，因为他留下了一份非常特别的遗嘱。在遗嘱之中，他除了将自己的财富捐献之外，还有100万法郎的特别奖励。之所以说这项奖励特别，是因为这项奖励要给一个能够解出巴拉昂提出的问题的人。他的问题说起来简单，却非常复杂，问题就是穷人最缺少的是什么。他将这个问题的答案放在了银行的一个保险箱之内，他将钥匙交给了他的两名代理人。他在遗嘱中提到，他曾经穷困潦倒，之所以能够成为富人，是因为他找到了成为富人的秘诀，在他即将辞世之时，这个秘诀他希望能够留给后人。

在巴拉昂去世之后，他的遗嘱被各大报纸杂志纷纷刊登，大家都在寻找能够回答出问题的人。而人们也纷纷猜想问题的答案。没多久，报社就收到了从四面八方邮寄过来的各种答案。有人回答是金钱，因为穷人正因为没钱所以才穷，有的人回答是别人的关爱，还有人回答是机遇……各种各样的答案都没能领走那100万法郎的奖励。

最终得到奖励的是一个小女孩，她的答案非常简单，但是和巴拉昂的秘诀一样，就是野心，穷人缺少的恰恰就是想成为富人的野心。

梦想需要野心才能够成就，没有野心，一切都只能是泡影。巴拉昂之所以成为了富豪，不是因为别人给他提供了资金，而是因为他有着当富人的野心。现实生活当中，在我们抱怨眼前生活不公的时候，是否想过是因为自己对梦想的渴求不够？机会是人创造的，财富是靠积累的，首先要从自己的心中实现梦想，现实才会给自己开路。

眼之所及，履之所至。实现梦想不是最困难的，困难的是找到自己的梦想。为了工作而工作，为了生活而生活，那么一生注定没有作为。梦想需要创造，野心就是梦想，只要敢想，只要想得远，那么自己就能够为了实现梦想而付出相应的努力，总有一天你会站在自己的梦想面前，即便最终现实和梦想有所差距，你也会发现，自己已经站到了一个不曾到达的高度。

奥巴马的全名是贝拉克·侯赛因·奥巴马，他于1961年8月4日出生在美国夏威夷州檀香山。他的父亲老贝拉克·奥巴马出生在肯尼亚西部尼安萨省的一个牧民家庭，母亲雪莉·安·邓纳姆是来自堪萨斯州威奇托的一个美丽的白人姑娘。

当时，奥巴马父母的恋情并不被世人接受，因为那时的美国法律规定，黑人和白人通婚属犯罪行为，而当时老奥巴马在肯尼亚已经有了家室。尽管如此，年仅18岁且已经怀上了奥巴马的邓纳姆，仍然不顾众人的反对，毅然嫁给了老奥巴马。奥巴马不满周岁的时候，老奥巴马就离开妻子，前往哈佛大学攻读经济学博士。

此后，奥巴马就和母亲、外祖父母生活在一起。奥巴马曾在自己的回忆录里这样写道："我的父亲与我周围的人很不一样，他的皮肤黑得像沥青一样，而我的母亲却像牛奶一样白皙。"这个身份有些特别的黑人孩子便是从面对自己、审视自己身世的过程中，开始了他追逐梦想的路途。

奥巴马的父母在1964年结束了婚姻，次年，他的母亲改嫁给一名来自印度尼西亚的外国学生罗洛·苏托洛，并且生下了女儿玛雅。奥巴马6岁的时候，跟着母亲和继父去了印度尼西亚，在那里度过了4年的童年时光，并在当地的天主教小学里上学。

奥巴马上小学时，就显示出了领导才能，他喜欢负责维持班级的秩序，"排队""立正""看齐"，令人奇怪的是，几乎所有学生都听从他的指挥。有老师曾评价奥巴马说："他有强烈的想成为第一的欲望，他喜欢站在班级的最前面。从心理学上讲，这就是他的领导欲。"老师还提到，奥巴马还经常保护那些容易受人欺负的弱小孩子；看到哪个孩子摔倒哭泣，奥巴马会拉着他的手真诚地安慰他。除了“仗义”，奥巴马还是老师的好帮手，有着出色的组织、管理和领导能力，在班级里有着绝对的“领导权威”。他自己也很享受这种感觉，他喜欢成为领导者。

奥巴马的老师伊斯拉伊拉记得，在三年级的一次命题作文课上，奥巴马曾写下了“我的理想是当总统”这样的豪言壮语。别人都认为这不过是一个孩子单纯而缥缈的梦而已，然而，奥巴马的身上却早早地体现出了这个小男孩注定不平凡的人生。

时间过去了40年，总统选举当日，美国大使馆在雅加达的一家酒店举行了一个聚会，当时有上百名美国人和印度尼西亚人参加，所有人都在焦急地等待着美国大选的结果。奥巴马获胜的消息一出来，现场一片欢腾，就连那些当年曾嘲笑过他的梦想的小学同学，也纷纷向他表达了祝贺。

一切都不是梦想的障碍。或许现在我们的生活依然贫困，或许我们现在没有值得骄傲的切实的物质和知识基础，然而，只要我们拥有梦想，我们的未来依旧是光明的。

如果你连成功的野心都没有，那你的成功从何而来？在精神世界里，所有的能力都可以转化为现实的力量，你只需发现它和相信它，把它变成现实。这是你的正当所得，因为你的“野心”会给你力量去左右环境，去获得财富、幸福和成功。所以请记住，统治世界的不是意志，而是欲望，即使我们现在是个穷人，也要有成为富人的野心。

趁年轻为自己的梦想而战

“为梦想而战吧。”

——马云

当梦想成为信仰，那些曾经的或者正在经受的挫折、失败都不会令我们感到绝望，我们拥有更多的只会是对未来的期许。那矢志不渝的梦想追求，怎么会经受不住一时的失意呢？王宝强现在已经是一名专业演员，取得了事业上的成功。在成名之前，王宝强的生命中只有一个信念——执着，为梦想执着。为此，他坚决地行走在跑龙套的队伍中。终于，他有了“傻根儿”这个角色，后来有了更多的角色，最后他成功了。王宝强的梦想就是他的信仰，他的事例告诉我们：只要执着地追逐梦想，就没有什么不可以。

我们在追逐梦想的过程中，可能会遭遇黑暗。这个时候，我们更应该坚定地问问自己：我经历的一切，都是值得的吗？我要追逐梦想吗？是的，我们要继续追逐梦想。梦想成为信仰，将会让我们勇敢地面对黑暗。也许在黑暗中，我们会看到些微弱的亮光，而那些微弱的亮光或许能照亮我们的心灵，召唤我们继续为梦想而搏击。我们要勇于坚持自己的理想，要相信自己，眼前经历的所谓失败只是暂时没有成功而已。永远记得那些黑暗中的泪水不会白流，所有的付出都是值得的。当梦想成为信仰，我们决意永远不回去，坚定地为梦想执着一次吧。

19岁那年，信心十足的马云再次走进高考的考场。那一次，他的数学考了19分。当马云拿到成绩单后，父母再也不对这个“不争气的孩子”抱任何希望了。他们无奈地摇头，“没治了，没一点儿希望了”。这一回，父母都劝马云：“你就彻底死了这条心，安安稳稳地做个临时工，学点手艺吧。”

马云却不甘心，连续两次的高考失利，反而让他越战越勇。由于马云无法说服父母让他继续复读，他只能一边打工，一边复习。为了工作和学习，马云白天打工，晚上读夜校。为了找一个好一点儿的学习环境，也为了激励自己，每到星期日，马云就早早起床，赶到离家很远的浙江大学图书馆去复习。

20岁那年，马云准备参加第三次高考。在走进考场前的一天，一位姓余的数学老师跟他说：“马云，你的数学真是一塌糊涂，如果你能考及格，我的‘余’字从此以后要倒着写！”在考数学的那天早上，马云还一直在背10个基本的数学公式。考试时，马云就用这10个公式一个个去套。那一次，马云的数学考了79分。

在第三次高考成绩出来后，马云的数学虽然“超常发挥”考了79分，但总成绩仍然与本科线有5分之差。不过，马云对此已经很知足了，他安慰自己说：“就我这水平，能有个大学上就不错了，管它什么专科、本科！”

令人惊喜的是，就在马云准备迈进杭州师范学院读专科时，天上居然掉下了个硕大无比的“馅儿饼”，砸在了他的头上！由于杭州师范学院的英语专业刚刚升级到本科不久，在马云报考英语专科的那一年，英语专业居然出现了报考人数少于计划招生人数的意外情况。

于是，为了完成计划，外语系的领导们破例制定出了让部分成绩优秀的专科生“直升”本科的特殊政策。就这样，在专科生里英语成绩最好的马云，便摇摇晃晃地被调配到了本科专业，可以说是捡了一个大“馅儿饼”！

每个人的成功都不是偶然的。马云也是，他高考成功的背后，有两次考试失利的经历，更有着他对读大学这个梦想的无比执着。因此，一个人需要有自己的梦想，有梦想才会有追求，有梦想才会有发展。后来，马云在创业的时候，也是因为心中有梦想，才会坚持做下去。

古时候，人们希望人也能够像鸟儿一样在天空飞翔，为了这个梦想，不知道有多少人为此而不懈地努力。在追求这个梦想的过程中，很多人做了巨大的牺牲，甚至有些人还付出了生命。但是，人们没有放弃追求，坚持不懈，最终实现了这个梦想，人类飞上了蓝天。

在这些追求飞上蓝天梦想的人中，莱特兄弟是非常突出的一对儿。他们在童年的时候，就能将邻居家丢弃的破车改装成能够使用的人力运货车，由此可见他们的动手能力很强。在1894年的时候，他们开了一家自行车店，主要是修理和改装自行车。而就在这个时候传来了德国人奥托·李林达尔试飞滑翔机成功的消息，这个消息鼓舞着兄弟二人，他们坚信人能够飞向蓝天，并且为此而努力。可是两年之后，又传来了李林达尔驾驶滑翔机失事身亡的消息，虽然这个噩耗让两个人备受打击，但是他们还是坚持了自己的梦想。

他们发现了飞机平衡操作的问题，为此他们仔细研究了鸟儿的飞行，他们将老鹰在空中飞翔的姿势一张一张全部画下来，然后才开始着手制作滑翔机，为此他们还学习了很多航空理论方面的知识。就在他们研究的这个阶段里，航空事业屡受打击：飞机技师皮尔机毁人亡，重机枪发明人马克沁试飞失败，航空学家兰利连机带人坠入水中等，但是这些都没能阻碍莱特兄弟前进的步伐。

1900年10月，莱特兄弟终于成功制作了他们的第一架滑翔机，并且将其带到了离代顿很远的吉蒂霍克海边。这是个安静的地方，周围没有树木，也没有居民，而且这里的风非常大，比较适合滑翔机起飞，他们准备在这里进行滑翔飞行的试验。

1900—1902年，莱特兄弟进行了将近1000次的滑翔机飞行试验，并且还自制了两百多个不同的机翼。他们对李林达尔的一些错误数据进行了修正，从而设计出了具有较大升力的机翼截面形状。

1903年，莱特兄弟制造出了第一架能够依靠自身动力载人飞行的“飞行者1号”，而在12月14日至17日的几天时间里，“飞行者1号”进行了4次试飞，第一次，总共飞行了36.5米，在空中停留了12秒；而到了第四次的时候，竟飞行了260米，在空中停留了59秒。莱特兄弟成功了，人类可以飞向蓝天了。

关于对梦想的执着，马云还提到了梦想一定要有激情。他说：“干任何事情都必须有激情，没有激情什么事情也干不好。阿里巴巴的‘六脉神剑’有一条就是激情。有句话‘心有多大，舞台就有多大’说的就是这个。”

因此，不管做什么事情，人都应该有自己的梦想。经商创业也是如此，需要为自己设定目标，并坚定地朝着目标去走。记住，宁可因梦想而忙碌，也不要因忙碌而失去梦想。不敢有梦想的人，生活必定是平淡庸碌的。正如英国盲人教育大臣戴维所说：“只要有梦想且不断地追寻，你就能够梦想成真。”

执着是梦想成真最重要的一个方面，可以说执着是滴水穿石，执着是愚公移山，执着是精卫填海，执着是铁杵成针。执着于梦想，再大的困难都能解决，即使道路再崎岖也能一马平川，风雨再大都会拥抱晴天！

没有人能随随便便成功，即使是明星的一夜成名，背后也隐藏着对梦想的执着。在困难面前，我们不能退缩，要挺身而进，执着努力。只有执着于自己的梦想，不断超越进取，才能让我们的人生道路更加宽阔。所以请记住，失败者，往往是热度只有五分钟的人；成功者，往往是坚持最后五分钟的人。

胃很小，只容得下一条鱼

“在你确定什么才是你唯一的梦想的时候，一定要想清楚的问题有两个：第一，你想干什么？是你自己想干什么，不是别人让你干什么，也不是因为别人在干什么而你也去做。第二，你需要干什么，想清楚想干什么的时候，你要想清楚，我该干什么，而不是我能干什么。”

——马云

宏伟蓝图自然是具有无穷魅力的，但它往往并不是我们唾手可得的。若试图一次就达成结果，无异于想在一天之内建出一座罗马城，不仅给自己徒增繁重的压力，也让简单的问题复杂化了。

所以说，人生无论是长久的计划，还是宏伟的目标，都绝非一蹴而就的，它是一个不断积累的过程。而一个个量化的具体计划，就是人生成功旅途上的里程碑、停靠站，每一个“站点”都是一次评估、一次安慰和一次鼓励。是否能量化，是计划与空想的分水岭；只有把每一小段的目标都逐步实现，才不至于使理想成为海市蜃楼。

阿里巴巴无疑是中国互联网史上的一大奇迹，这个奇迹是由马云和他的团队创造的。

阿里巴巴创业初期，经济拮据，只有区区50万元。而这50万元还是18个人东拼西凑凑起来的。50万元，是阿里巴巴全部的家底。然而，就是凭着这50万元，马云却喊出了这样的宣言：我们要建成世界上最大的电子商务公司，要进入全球网站排名前十位！

1999年，中国互联网竞争已经到了白热化状态，国外风险投资商疯狂给中国的网络公司投钱，网络公司也在疯狂烧钱。这时的50万元，对新浪、搜狐、网易这些大型门户网站而言，不过是一小笔的广告费而已，根本不值一提。

马云深知，他所有的伟大梦想都要靠这仅有的50万元去实现。因此他将梦想分成一个个具体的目标，初期的每个目标都和这50万元息息相关，而他的每个具体目标都离不开“精打细算”这个词。

阿里巴巴成立之初，马云给员工开的工资是500元，而公司的其他开支更是一分钱恨不得掰成两半儿来用。通常外出办事，马云和员工都发扬“出门基本靠走”的精神，他们很少打车。据说有一次，马云带着大伙儿出去买东西，东西很多，实在没办法了，他们才选择打车回去。大家纷纷在路边向的士招手，来车如果是桑塔纳，马云就摆手不坐，直到等来了一辆夏利，马云才带着大伙儿坐上去，因为夏利每千米的费用比桑塔纳便宜2元钱。

2007年11月6日，阿里巴巴在香港联交所上市，市值超过200亿美元，成为了中国市值最大的互联网公司。马云和他的创业团队，由此缔造了中国互联网史上最大的奇迹。

马云的故事告诉我们，梦想和目标，这两者之间的区别就在于梦想可以是模糊的、没有期限的，而目标则是明确的、需要量化的、有期限的。

在对自己小时候的梦想进行回忆的时候，马云曾经说过，自己和大家一样，年少无知的时候有过无数的梦想。想当司机，想当售票员……梦想有很多个，但是却没有一个是能够实现的，然后不断地变换梦想。但这些并不重要，梦想是快乐的，在成长的道路上，每一个人都要有梦想。马云在不同的时期拥有的梦想也不同，小学时想考好的中学失败了，中考也失败了，考了三年的大学，毕业后想考哈佛大学还是失败了。但无论是哪一次失败，他都没有放弃过，都会勇敢地继续下一次的尝试。其实我们在小时候变换梦想并没有关系，你需要去不断地想，不断地去想快乐的事情，最终才能将自己真正想做的事情确定下来，确定究竟什么才是自己的梦想。

马云说，人生就像爬阶梯一样，必须一步一阶，丝毫取巧不得，只要一步一阶，终能抵达顶峰。

享誉美国的零售业大王伍尔沃夫年轻的时候非常贫穷，曾经有一段时间，他生活在乡下，一年中几乎有半年的时间连鞋都穿不上。

那么，他是怎样走向成功和富有的呢？他自己曾说，其实秘诀非常简单，那就是让自己的心灵充满积极向上的思想。最初，他向别人借了300美元，开了一家所有商品售价都是5美分的小店。虽然他在纽约设立的第一个店铺因为营业额太少失败了，可是在以后的时间里，他稳扎稳打、慢慢扩展他的事业。10年之后，他就有了10家分店。

伍尔沃夫以自己的努力一跃成为整个美国最闻名的投资者，他建立起了当时世界上最高的大厦，也就是纽约市鼎鼎有名的伍尔沃夫大厦。他用现金全额支付了高达1400万美元的建筑费用，甚至还大方地在自己的住宅里放置了一台价值10万美元的管风琴。

伍尔沃夫的成功来自他母亲传授给他的积极向上的思想。当他还是个穷小子的时候，每当他遭遇挫折、垂头丧气时，他的母亲总是把他的手紧紧握住，并鼓励他："不要灰心，总有一天你会成为有名的富翁的。"

于是，伍尔沃夫逐渐明确了自己的生活目标，并采取了一系列积极的行动。

一个没有目标的人就像一艘没有舵的船，漂流不定，只会到达失望、失败和丧气的海滩。

美国财务顾问协会的前总裁刘易斯·沃克曾接受一位记者采访。他们聊了一会儿后，记者问道："到底是什么原因使人无法成功？"

沃克回答："模糊不清的目标。"记者请沃克进一步解释。他说："我在几分钟前就问你，你的目标是什么？你说希望有一天可以拥有一栋山上的小屋。这就是一个模糊不清的目标。问题就在'有一天'不够明确，因为不够明确，成功的机会也就不大。"

"如果你真的希望在山上买一栋小屋，你必须先找出那座山，找出你想要的小屋现值，然后考虑通货膨胀，算出5年后这栋房子值多少钱；接着，你必须决定，为了达到这个目标，每个月要存多少钱。如果你真的这么做，你可能在不久的将来就会拥有一栋山上的小屋；但如果你只是说说，梦想就可能不会实现。梦想是愉快的，但没有配合实际行动计划的模糊梦想，则只是妄想而已。"

生命是一条单行线，人的时间和精力是有限的，在这条单行线上徘徊、迷茫、迂回的时间越长，生命消耗得就越快，为自己最想要的而奋斗的时间、精力就越少，因此首先就要明确了解自己想要什么，如果连自己一生想要的是什么都不知道，那还奢望能够得到什么呢？

当我们拥有一个伟大的梦想时，我们必须将这个梦想具体量化成为一个远期目标，然后将远期目标分解成长期目标，再将长期目标分解为中期目标，之后将中期目标分解为短期目标，从年、月、周最后分解到具体每天要做些什么事情上。然后，我们通过每天持之以恒的行动去实现一个个小目标，我们的短期目标就会实现，接下来是中期目标、长期目标、远期目标。而最终的远期目标就是具体化的梦想，因此我们也就实现了梦想。

1984年，在东京国际马拉松邀请赛中，名不见经传的日本选手山田本一出人意外地夺得了世界冠军。当有人问他靠什么取得了如此惊人的成绩时，他说了这么一句话：凭智慧战胜对手。

当时许多人都认为这个偶然跑到前面的矮个子选手是在故弄玄虚。许多人都认为马拉松是考验体力和耐力的运动，只要身体素质好又有耐性就有望夺冠，爆发力和速度都还在其次，说用智慧取胜确实有点让人摸不着头脑。

两年后，意大利国际马拉松邀请赛在意大利北部城市米兰举行，山田本一代表日本参加比赛。这一次，他又获得了世界冠军。有人又问他有什么秘诀。

山田本一性情木讷，不善言谈，回答的仍是上次那句话：凭智慧战胜对手。然而在10年后，这个谜底终于被解开了，在他的自传中他是这样写的：每次比赛之前，我都要乘车把比赛的线路仔细地看一遍，并把沿途比较醒目的标志画下来，比如第一个标志是银行；第二个标志是一棵大树；第三个标志是一座红房子……这样一直画到赛程的终点。比赛开始后，我就以百米的速度奋力地向第一个目标冲去，等到达第一个目标后，我又以同样的速度向第二个目标冲去。40多千米的赛程，就被我分解成这么几个小目标，轻松地跑完了。起初，我并不懂这样的道理，我把我的目标定在40多千米外终点线上的那面旗帜上，结果我跑到十几千米时就疲惫不堪了，我被前面那段遥远的路程给吓倒了。

我们的胃很小，只能容得下一条鱼。就像山田本一说的那样，若是将所有的目标都摆在心里，那么你就会被压得无法喘气，更不要说轻装上阵了。

人生是一场旅行，一路上背负的东西会不断累加，所以我们自己要尽可能地减少负担，这样才能将更多的精力投入到前行的路上。不要去想自己的目标有多远大，也不要去考虑为了完成这个目标你需要做多少事，只要做好眼前的一件事，完成一个个小目标，一点点积累，最终会拥抱成功。唯有那时你才发现，那些复杂而烦琐的事早已在你的一点点努力下完成了。

心系太多反而会让你一无所有，它会打消你的热情和积极性。不如将一切看得简单一点，只记得眼前该做的事，这样你才不会觉得疲累，才不会因为难度太大而半途放弃。

设定一个不太难实现的小目标，这样我们就会因为每一个小目标的简单易行而感到压力减轻，也正因为感到应对自如，我们才会发现自己渴望去做生活中其他需要改变的事情。每当实现一个小目标后，就会有一种更加积极的强化力量来帮助我们沿着通向最终远大目标的道路不断前进。

第二章

热爱你所做的事情，别在乎别人怎么看

马云：“老师受人尊重，不是说这个职业多么重要，而是老师给社会创造的价值，给这些年轻人，给这些孩子，在人生起步的时候，说的一两句话改变了他们而已。”

“挖空心思想挣钱或者不想挣钱，都是错的，你只是觉得在做自己感到乐趣的事情，看到自己的客户烦，就等于老师看到学生烦一样。你躲不开，谁让你选了这个职业，你必须去做。你要欣赏你的学生、欣赏你的产品、热爱你所做的事情，别在乎别人怎么看。”

激情比聪明更重要

“只有你想不到的，没有马云做不到的。”

——马云

所谓激情，就是要有一种面对困难敢于克服，面对机遇敢于挑战，面对艰险敢于探索，面对落后敢于奋起，面对竞争敢于争先的勇气。激情不是一个空洞的名词，它是一种力量，是一种精神支柱。

马云说，激情对于成功者来说是相当重要的，一个人如果没有激情，就会觉得什么事都不想做，也什么事都做不好，导致其越来越消极，越来越颓废，最终只能是碌碌无为、一事无成、走向失败。对于一个年轻人来说，如果没有激情那是非常危险的。

美国《今日心理学》杂志曾有报道，一般人可能认为，成功只需要一个聪明的脑袋，但事实上，对于大多数成功者来讲，聪明并不是第一位的，更重要的是激情。

的确，激情常常激发出意想不到的创意。因为拥有激情，人的大脑便会保持长时间的兴奋，使思想随意碰撞、交织、融会，创意便常常在其中诞生。并且，激情使人习惯于从事物中发掘其本质，激发灵感，激情还使人敢于谋事，善于做事，让创意得以实践。

马云无疑是一个很有激情的人，见过马云或者在电视上看过马云的人，都会被他那洋溢全身的激情所感染。事实上，马云的成功也是离不开激情的。

1999年，当阿里巴巴还没被大多数人知道并接受的时候，马云就对同伴宣称："我们要做一家80年的公司，要进入全球网站的前10名。"就在这时，曾在瑞典Wallenberg（瓦伦堡）家族主要投资公司Investor AB（瑞典银瑞达集团）任副总裁的蔡崇信，到阿里巴巴来探讨投资。几次接触下来，蔡崇信被马云的思维和激情给捕获了。他当即决定，要抛下75万美元年薪，加盟阿里巴巴，领取500元的薪水。马云的激情，不仅使自己突破了重重困境，并且也感染并吸引着和他接触过的每一个人。

后来，马云更是"激情四溢"地宣称："我们要做一家102年的公司，要进入全球网站的前3名。"所有这些疯狂的想法，都是激情使然。

正是看中了他的这一点，当时软银集团董事长孙正义在选择投资对象时，只用了短短6分钟时间便毅然决然地选择和阿里巴巴合作，融资2000万美元。

孙正义的软银公司，每年要接受700家公司的投资申请，但是大约只有10%，也就是只有70家左右的公司才能够如愿以偿得到投资，其中只有一家孙正义会亲自去谈判。而阿里巴巴却让孙正义在短短的6分钟之内就做出了投资的决定，他说正是马云的这种创业激情和领导气质吸引了他。孙正义见到马云时经常会说："马云，保持你独特的气质，这是我为你投资的最重要原因。"

激情让人相信任何事情都有解决的办法，关键在于你的对策是否切实、有效、具有针对性。激情促使人们想方设法地找到问题症结，寻求对症下药的良方，让困难在自己面前低头。面对同样的问题，激情的勇者，想的是如何设法化解、战胜；懦弱者，想的则是如何一停二看三逃避。一样的难题，一样的挑战，却有不同的态度，这不仅体现了不同的思想境界，而且必然带来不同的发展局面。

美国成功学大师拿破仑·希尔认为激情是一种意识状态，能够鼓舞和激励一个人对手中的工作采取行动。有一天晚上，他工作了一整夜，因为太专注，一夜仿佛一眨眼就过去了。他又继续工作了一天一夜，其间除了停下来吃了点清淡食物外，未曾休息。如果不是对工作充满激情，他不可能连续工作一天两夜而丝毫不觉得疲倦，可见，激情并不是一个空洞的名词，它是一种重要的力量。

法兰克最初进入的是美国的职业棒球界，但是不久他就遭遇到有生以来最大的打击，因为他被开除了。球队的经理对他说："你做事慢吞吞，动作软弱无力。离开这里之后，无论你到哪里做任何事，若不提起精神来，你将永远不会有出路。"

本来法兰克的月薪是175美元，离开原来的球队之后，他参加了亚特兰斯克球队，月薪减为25美元。薪水这么少，法兰克做事当然没有热情，但他决心努力试一试。待了大约10天之后，一位名叫丁尼·密亨的老队员把法兰克介绍到了新凡。

在新凡的第一天，法兰克的一生有了一个重要的转变。因为在那个地方，没有人知道他过去的事情，法兰克决心变成新凡最具激情的球员。为了实现这点，他必须采取行动才行。

法兰克一上场，全身就好像充了电一样。他强力地投出高速球，接球的人双手都麻木了。有一次，法兰克以强烈的气势冲入三垒。那位三垒手吓呆了，球漏接，法兰克盗垒成功。当时气温高达39℃，法兰克在球场奔来跑去，极可能因中暑而倒下，但在过人的激情支撑下，他挺住了。

这种激情所带来的结果，真令人吃惊。第二天早晨，法兰克读报的时候，兴奋得无以复加。报上说：那位新加进来的球员，无异于一个"霹雳球"，全队的人都受到了他的影响，充满了活力。他们不但赢了，而且奉上了本季最精彩的一场比赛。

法兰克的月薪由25美元提高到了185美元。在往后的两年里，法兰克一直担任三垒手，薪水又加到了最初的30倍之多。为什么呢？法兰克自己说：“这是因为一股激情，没有别的原因。”

后来，法兰克的手臂受了伤，不得不放弃打棒球。接着，他到菲特列人寿保险公司当保险员，整整一年多都没有什么成绩，因此很苦闷。但后来他又变得激情起来，就像当年打棒球那样。

再后来，他是人寿保险界的大红人。不但有人请他撰稿，还有人请他演讲自己的经验。他说：“我从事推销已经15年了。我见到许多人，由于对工作抱着激情的态度，他们的收入成倍地增加起来。我也见到另一些人，由于缺乏激情而走投无路。我深信唯有激情的态度，才是成功的最重要因素。”

法兰克的成功正是由于他身上有一股激情，是那股激情让他全身充满了力量，让他在球场上发挥得更加游刃有余，也带动其他队员跟着兴奋起来，使得他们的球队在球场上取得一个又一个胜利，创造一个又一个的奇迹。是那股激情让他从一个被定性为走到哪里都不会有出路的人，变成震惊棒球界的“霹雳球手”，是激情塑造了他在人生中的一个又一个奇迹。

在现实生活中，凭借激情创造奇迹的人有很多，他们都是因为投入百分之百的激情，才得以实现梦想，得以成功。有“世界上最伟大的推销员”之誉的乔·吉拉德说：“把激情融入工作中的每一天，你会发现，奇迹就会在你面前。”

激情是获得成功的动力和力量，有了激情，通往成功道路的一切障碍都会迎刃而解。激情是照亮幸福的一盏明灯，让我们满怀激情地去创造属于我们的奇迹，有了激情就有了创造奇迹的希望。

现今我们身处一个欣欣向荣的大时代，正当是大有作为的时候。虽然在前进的道路上会有许多困难和挑战，但即使这样，我们也应该正确面对，勇于克服，敢于拼搏。只有始终保持一颗不断进取之心、一股激情蓬勃之气，才会有追赶、超越、必胜的信念，最终取得成功。

当然，激情也并不等于头脑发热、盲目决策、好高骛远，更不等于随心所欲、目中无人、为所欲为，而是从客观实际出发，积极乐观地面对现实，刻苦奋进、锐意进取，开拓创新。如此，才能实现自己的理想、奋斗目标和人生价值！

做一份喜欢的工作就是创业

“做一份喜欢的工作就是很好的创业。”

——马云

曾经有一位哲人这样说过：“如果工作是一种兴趣，那么人生就是天堂。”让工作成为兴趣，热爱自己的事业，就是一种很高的人生境界，是我们需要追求的目标，因为只有这样才有机会取得成功。

马云在读大学前，经历过两次高考失利。他去浙江大学图书馆复习功课，复习的学生很多，图书馆的座位根本不够用，只能遵循“物竞天择”的竞争法则——谁来得早谁有座位，谁抢得上谁坐。

在一次抢座位的争斗中，马云意外邂逅了5个大个子，双方交手几个回合后，志趣相投的他们奇迹般地成为了“铁哥们儿”。以后的周末，在浙江大学美丽的校园里，人们经常会看到6个年龄相仿的少年毫无顾忌地躺在翠绿的大草坪上，对着蔚蓝的天空大声高呼：“我们有梦想，我们热爱学习！我们一定会考上大学，我们一定会出人头地！”

有心栽花花不发，无心插柳柳成荫。马云也是这样，他曾经的目标是北京大学，但只考上了杭州师范学院的专科。幸运的是，由于英语成绩不错，他被调配到了本科专业。大学毕业后，马云当了6年多的英语老师。期间，他还成立了杭州第一家外文翻译社，用业余时间接了一些外贸单位的翻译活儿。

马云说：“我当年学英语，没有想到后来帮了我的大忙。所以，做任何事情，只要你喜欢，只要你认为是对的，就可以去做。如果你思考问题功利性很强的话，肯定会遇到麻烦的。”

马云因为热爱英语，对英语更是加倍用功，因此他的口语非常不错。这位“杭州最好的英语老师”因为英语好，还曾经受到浙江省交通厅委托去美国催讨一笔债务，虽然并没把债款追讨回来，却成就了他和互联网的一段因缘。

在当时，互联网是“舶来品”，马云一口流利的英语赋予了他很大的便利，他得以在世界各地无语言障碍通行，这还使他有机会征服美国《福布斯》记者，早早登上了《福布斯》的封面，这对于他的成功有很大益处。热爱英语还让马云结交到杨致远、孙正义甚至克林顿这样的人物，让他自由穿梭在达沃斯论坛，让外国人记住了阿里巴巴。

马云的成长经历告诉我们一个道理，那就是我们要热爱自己的事业。苹果公司已故总裁乔布斯曾经说过：“要听从自己内心的声音，去做自己想做的事。”

有这样一个孩子，3岁时，他随着父母离开意大利的乡村，迁居到法国。由于父亲不懂法语，在法国找不到工作，他的家庭陷入了经济困境，在温饱线上苦苦挣扎。

13岁时，为了生计，勉强小学毕业的他不得不辍学到一个小裁缝店当学徒。也正是这份工作，让他对服装设计产生了浓厚的兴趣。虽然吃不饱饭，他却经常空着肚子跑到剧院的舞台后面去观察演员们的绚丽衣着，然后仔细地揣摩这些服装的造型。而这时，他常常听到人们谈论着“这些服装来自巴黎”。闲暇时，他喜欢站在百货商店外面，痴迷地看着橱窗里的那些新款服装。而卖服装的人，也总是自豪地说：“这是地道的巴黎服饰。”

从那时起，他便开始向往巴黎这座神秘的城市，并梦想着有一天自己能到巴黎去。“我要去巴黎”，这个梦想轻如羽毛，却一直飘动在这个穷孩子的天空里，不曾落下。

19岁那年，他骑着一辆旧自行车，驮着一只破木箱，来到了向往已久的巴黎。虽然吃不饱睡不安，四处流浪，但他却深深爱上了这个时尚浪漫之都。但就在此时，第二次世界大战爆发了。乱世之中，他再遭厄运，被关进了监狱，饱受折磨。虽然失去了自由，但他对服装设计的喜好依然不改，没有纸和笔，他就用手指在牢房的地上画来画去。两年后，他终于获释，身无分文的他又开始四处游荡，他不得不离开巴黎，来到法国南部城市维希重操旧业，在一个服装店做学徒。这是一份来之不易的工作，他非常用功，一丝不苟地学习，掌握制衣的每一个细小环节。经过三年清苦的学徒生涯，他逐渐成为店里最好的裁缝。但他一直想念着巴黎，因为巴黎是时尚与潮流的象征，只有那里才是自己展示梦想与才华的舞台。

25岁时，他重返巴黎，在一家叫“帕坎”的时装店做设计。当时，许多社会名流都在这里定做服装，设计师的压力可想而知，由于不堪重负，每天都有设计师被淘汰，所以老板对这个学徒没有抱太大的希望。而他却乐于接受这个挑战，并从这里看到了人生的转机。

巴黎这座城市给了他力量和灵感。为了能设计出让顾客满意的服装，他废寝忘食，服装设计成了他生活的全部。一天，当他走在巴黎大学门前时，一位漂亮的姑娘让他眼前一亮。他想象着，如果按照她的体形来设计一款时装，一定会令人耳目一新。于是他不由自主地跟在了姑娘后面。发现有人跟踪，姑娘便拐进一个胡同拼命奔跑起来，他却穷追不舍。姑娘终于发怒了，警告他如果再跟着自己就报警。他此时才醒过神儿来，诚恳地告诉她，自己是一个服装设计师，见她的身材条件优秀，想请她做模特，因为怕失去这个机会，所以一直跟着她。

正是这种痴迷，让他的创造能力实现了一次次的飞跃，也让他逐渐成为时装店里最优秀的设计师。但他并未就此满足，决心凭着自己的才能，独立开创一片新天地。

在33岁那年春天，他在租来的一间简陋小屋里，第一次推出了自己设计的女装，结果震惊了整个巴黎。

一个地地道道的农民的儿子，一个没有读过几天书的小裁缝，在战胜苦难之后，终于赢得了巴黎这座城市的青睐。从那时起，他就开始主宰全球时尚领域最前沿的部分，成为了名副其实的天下第一裁缝。他的名字叫皮尔·卡丹。

爱迪生说："一生中我从未做过一天工作，我每天都其乐无穷。"但是在局外人看来，爱迪生苦都苦死了，他几乎每天工作18个小时，吃饭、睡觉都在实验室里，几乎没什么时间娱乐。但是爱迪生觉得，他一直在娱乐。

爱因斯坦的相对论告诉我们："当你和一个美丽的姑娘坐上两个小时，你会感到好像坐了一分钟；但要是在炽热的火炉边，哪怕只坐上一分钟，你却感到好像是坐了两小时。”所以，当你不热爱你所做的事时，分分秒秒都是煎熬，哪里有什么快乐可言；当你热爱这份工作时，它会像阿里巴巴的宝藏一样，带给你无穷无尽的快乐和惊喜。

马云说，人应该找到自己热爱的事业，假如我们至今仍然没有找到自己热爱的事业，没关系，只要我们坚持寻找，跟随自己的心永不放弃，就一定会找到的。我们从事能给生命带来价值并让我们热爱的事业，就能给我们的人生带来使命感与充实感。

我们热爱自己的事业，才能在工作中产生源源不断的动力，我们的生活才会快乐且充实。一个人如果想要成功，方法可以有很多，其中最简单实用的方法就是热爱自己的事业，对事业保持热情、积极的进取心态，进一步实现自己的价值。

一个奋斗者要想获得成功，需要付出很多艰辛，对工作一定要十分投入、处处用心，让充满激情的自己正视困难，这才是奋斗之道。

兴趣是最好的人生导师

“选择自己感兴趣的专业最重要！首先，大学不是培养如何找工作的，技校才是。其次，不要过于质疑大学的办学方向，因为上大学≠有工作。再次，走出校门，千万别迷恋文凭，学会柔软身段，好师父大于好单位。最后，想清楚，选择当下，还是选择未来。”

——马云

马云认为：任何一个企业家面对的问题都很多，但无论如何，你一定要做你感兴趣的事情。

当代著名的精神病专家威廉·孟宁吉博士在第二次世界大战期间曾主持过美国陆军精神病治疗工作。他说："在军队中，我发现了挑选和布置的重要性，即让适当的人去做适当的事的重要性以及使人相信自己工作的重要性。一个对自己的工作毫无兴趣的人，会认为自己被安排在了一个错误的职位上，他会感觉自己怀才不遇，并由此导致情绪低落。在这种情况下，即使没有患上精神病，也会留下精神病的隐患。"

事实正是如此，一个人如果不喜欢某项事务，却被逼着去做，那么效率一定是极低的，即使他迫于压力，最终完成了这件事，也不一定做得好。相反，一个感兴趣的人，他不仅能够高效率地完成任务，还能充分发挥自己的创造性，将事情做到最好。

从小马云功课就没好过，从小学到高中，他从来没有"名列前茅"。不过，在任何时候，命运都非常公平。上帝关闭了你的一扇门，一定会为你开启另外一扇窗。

13岁那年，马云还在读初中，班里来了一位教地理的女老师。这位美丽的女老师讲课生动有趣，学生们如沐春风。她曾在课堂上讲过自己亲身经历的一件事。

有一次，她在西湖边上欣赏风景，旁边来了几个外国游客向她问路并咨询杭州的旅游景点。了解杭州地理的她，用一口流利的英语与外国朋友无障碍交流，外国朋友非常高兴，连声称赞。最后，这位女老师总结道："同学们，你们一定要学好地理，不然人家问咱们的时候，如果答不上来，多尴尬啊！"

说者无意，听者有心。马云听了之后，心情久久不能平复，他陷入了深思之中，心想：老师说学不好地理就会丢人，但是光学好地理却不会说英语，那不是也没用吗？我对地理没有兴趣，但是我对英语兴趣却很大，我何不在这方面多多发展呢？

马云从此发愤图强，苦学英语，他明确自己的兴趣就是英语，便定下目标立志成为“杭州英语第一人”！从此，马云开始每天苦练英语，坚持听英文广播，还常去西湖边背单词、学语法。

那是20世纪70年代末80年代初，改革开放刚刚开始，来自世界各地的很多游客纷纷涌入杭州，来欣赏号称“人间天堂”的杭州美景。

在西湖边，每当马云在背单词时遇到外国游客，他都主动凑上前和老外交流几句。他还经常免费给老外做导游，“呼哧呼哧”骑着自行车带着老外在杭州城到处跑，只为了能跟老外多说几句英语。

也许马云天生脸皮厚，他从来不怕出丑，更不在乎自己蹩脚的英语人家能不能听懂，他只有一个信念，那就是只要给我机会说英语，别人怎么说都不重要。马云孜孜不倦地苦练英语，日复一日，年复一年，他竟然成了老师和同学们公认的英语奇才。一个没出过国的学生，英语口语如此流利的确是非常罕见的，甚至连老外都以为这个学生一定出过国，是从外面回来的“小华侨”。

后来马云能够创业成功，流利的英语着实给他带来不少便利，让他在国内国外四处逢源。据马云后来回忆说：“在和这些外国人互动的过程中，我发现外国人的想法和我受到的教育有很大不同，让我了解到外面还有另一个完全不同的世界。”

由此可见，一个人的兴趣真的极为重要，它是人们追求梦想的动力，能让人变得积极，让人更加敏锐地去抓住机会，并克服各种各样的困难。因为自己有兴趣，根本不用别人监督，就会努力用功，成绩当然更容易取得。

1847年3月3日，亚历山大·贝尔出生在爱丁堡。他的父亲和祖父都是颇有名气的语言学家。

受家庭的影响，贝尔小时候就对语言非常感兴趣。他喜欢养麻雀、老鼠之类的小动物。因为他觉得动物的叫声非常美妙动听。上小学时，他的书包里，除了装课本外，还经常装有昆虫、小老鼠等。有一次，老师正在讲《圣经》里的故事，忽然他书包里的老鼠窜了出来，同学们躲的躲，叫的叫，弄得教室内大乱。老师怒不可遏，觉得他是一个十足的坏学生。

不久，贝尔的父亲就将贝尔送到伦敦贝尔的祖父那儿。那位慈祥的老人深谙少年的学习心理，他不采用填鸭式的方法，硬逼贝尔学习书本上的知识，而是从培养贝尔的学习兴趣入手。渐渐地，贝尔有了强烈的求知欲，学习成绩迅速提高，成了优等生。贝尔后来回忆道："我祖父使我认识到，每个学生都应该懂的普通功课，我却不知道，这是一种耻辱。他唤起我努力学习的愿望。"

一年之后，贝尔又回到了故乡爱丁堡。在他家附近，有一座磨坊。贝尔觉得这种老式水磨太费劲了，应该加以改进。于是，他查阅各种图书资料，设计出一幅改良水磨的草图。虽然这图画得不规范，但构想却十分巧妙。经过工匠师傅加工，水磨用起来果然十分灵活，比原来省力多了。从此，他成了远近闻名的"小发明家"。

贝尔从这里看到了发明创造的意义。每一项发明，都将使很大一部分人受益，都是人类向前迈进的一块基石。

1869年，22岁的贝尔受聘于美国波士顿大学，成为这所大学的语音学教授，贝尔在教学之余，还研究教学器材。

有一次，贝尔在做聋哑人用的"可视语言"实验时，发现了这样一个有趣的现象：在电流流通和截止时，螺旋线圈会发出噪声，就像电报机发送摩尔斯电码时发出的"嘀嗒"声一样。

“电可以发出声音!”思维敏捷的贝尔马上想到，“如果能够使电流的强度变化模拟出人在讲话时的声波变化，那么电流将不仅可以像电报机那样输送信号，还能输送人发出的声音，这也就是说，人类可以用电传送声音。”

贝尔越想越激动。他想：“这一定是一个非常有价值的想法。”于是，他将自己的想法告诉电学界的朋友，希望从他们那里得到有益的建议。然而，当这些电学专家听到这个奇怪的设想后，有的不以为然，有的付之一笑，甚至有一位不客气地说：“只要你多读几本《电学常识》之类的书，就不会有这种幻想了。”

贝尔不在乎别人想什么，说什么，他决定向电磁学泰斗亨利先生请教。

亨利听了贝尔的介绍后，微笑着说：“这是一个好主意！我想你会成功的!”

“尊敬的先生，可我是学语音的，不懂电磁学。要想把它变成现实恐怕是件很难的事。”贝尔说。

“那你就学会它呗。”亨利斩钉截铁地说。

得到亨利的肯定和鼓励，贝尔觉得自己的思路更清晰了，决心也更大了。他暗下决心，“我一定要发明出来。”

此后，贝尔便一头扎进图书馆，从阅读《电学常识》开始，直至掌握了最新的电磁研究动态。有了坚实的电磁学理论知识，贝尔便开始筹备试验。他请18岁的电器技师沃特森做试验助手。

接着，贝尔和沃特森开始试验。他们终日将自己关在实验室里，反复设计方案、加工制作，结果却是一次又一次地失败。“我想你会成功的”，亨利的话时时回荡在贝尔的耳边，激励着贝尔以饱满的热情投入研制工作中去。

光阴似箭，两年时间很快过去了。

1875年5月，贝尔和沃特森研制出两台粗糙的样机。这两台样机的构造与工作原理是：在一个圆筒底部蒙上一张薄膜，薄膜中央垂直连接着一根碳杆，插在硫酸液里。这样，人对它讲话时，薄膜受到振动，碳杆与硫酸接触的地方电阻发生变化，随之电流也发生变动；接收处，由于电流变化，也就产生变化的声波。由此实现了声音的传送。

可是，经过验证，这两台样机还是不能通话。试验再次失败。经反复研究、检查，贝尔确认样机的设计和制作不存在什么问题。“可为什么失败了呢？”贝尔苦苦思索着。

一天夜晚，贝尔站在窗前，锁眉沉思。忽然，远处传来了悠扬的吉他声。那声音清脆而又深远，非常美妙！“对了，沃特森，我们应该制作一个音箱，提高声音的灵敏度。”贝尔从吉他声中得到启迪。于是，两人立即设计了一个方案。一时没有材料，他们把床板拆了，经过几个小时的奋战，音箱制成了。

1875年6月2日，他们又对带音箱的样机进行试验。贝尔在实验室里，沃特森在隔着几个房间的另一头。贝尔一面在调整机器，一面对着送话器呼唤起来。忽然，贝尔在操作时，不小心将硫酸溅到了腿上，他疼得大喊：“沃特森先生，快来呀，我需要你！”

“我听到了，我听到了。”沃特森高兴地从那一头冲过来。他顾不上看贝尔的伤处，把贝尔紧紧拥抱住。贝尔此时高兴地把疼痛也给忘了，激动得热泪盈眶。

当晚，贝尔兴奋得睡不着觉。他半夜爬起来，写了一封信给母亲。信中写道：“今天对我来说，是个重大的日子。我的理想终于实现了！未来，电话将像自来水和煤气一样进入人们的家庭。人们在家里，不用出门，也可以进行交谈了。”

1878年，贝尔在波士顿和纽约之间进行了相距300多千米的长途电话试验，大获成功。此后，电话在北美各大城市迅速流行开来。

曾经有位中学生向世界首富比尔·盖茨请教成功的秘诀，盖茨说：“做你所爱，爱你所做。”华德·狄斯奈也讲过一句话：“你一定要做自己喜欢做的事情，才会有所成就。”

兴趣特长通常会让我们选择自己所喜欢的事情。有关研究表明，如果一个人对某一事情感兴趣，就能发挥出他全部才能的80%~90%，反之，则可能只发挥其才能的20%~30%。因此，在将来的选择中，我们要认真分析自己的兴趣和特长，选择自己比较喜欢、比较熟悉的事情，这样才会更容易成功。

兴趣特长也会关系到自己确定未来的发展方向。如果两者紧密结合，那么即便是困难重重，我们也会为了自己的兴趣不气馁、不放弃，还会百折不挠地坚持，想尽办法解决困难，最终克服困难。兴趣的重要性体现在它可以促成人们对事物的倾向性认识，其表现为人对自己感兴趣的事物总是特别注意，这是一种良性情绪；兴趣表现为人们对相关事物积极主观的学习和吸纳，是一种让人废寝忘食的认识倾向，能将人的潜能最大限度地挖掘出来；兴趣还是成功的动力，浓厚的兴趣促使人们不断努力，从容面对挫折和困难，最终走向成功。

因此，人要多培养兴趣，努力培养自己擅长的东西。为自己的兴趣而奋斗吧，去努力追求与兴趣相关的理想，这是一件快乐且享受的事情，也是激发我们潜能从而获得成功的一种重要方式。

谁说绝境里开不出希望之花

“我认为，B2C跟C2C未来会融合在一起，C2C也是我看好的业务范畴之一，不过必须发展新的B2C模式才行，这个我再过两年会给大家看看。简单来说：B2C不是靠网上平台来消灭传统企业，反而是帮助B如何去找到C，就是我经常说的经营哲学。天下没有难做的生意，我就是要协助中小企业发展业务。”

——马云

马云认为，从商者很多时候都会被金钱蒙蔽，想尽办法要把别人口袋的5元钱搬至自己的口袋里，结果败得惨烈。“为什么不想想办法助人致富？先把人家口袋里的5元钱变成50元，届时人家赚了45元，一定愿意给你5元钱。要赚客户的钱时，先去想想客户有没有赚钱，这才是做生意之道。”

在互联网产业中，马云总是这样乐观，这般积极，好像一切都在他的掌握之中。他经常不按常理出牌，总是喜欢颠覆传统，标新立异。马云积极乐观的精神给了他很大帮助，同时也告诉我们，要成功就必须学会挖掘出自己的积极情绪。生活中，我们无论是工作、学习都必须要积极。积极是成功之道，积极的心态非常重要，但学会挖掘自己的积极情绪更加重要。

我们每个人都希望事业有成，但事业有成并不是一味埋头努力就可以的，积极的心态也非常重要。当一个人心情好时，他就能更积极地去把握事情，会考虑到更多更细的方面。同时，有好心情的人脸上会有笑容，会感染他人，会让自己拥有面对困难的勇气，能将事情做得更好。马云拥有挖掘积极情绪的本事，他对事物永远都有自己独到的看法，积极乐观的态度让他对互联网行业了如指掌。一个人只有保持积极的心态，成功才会水到渠成。

1832年，他失业了。这显然使他很伤心，但他下决心要当政治家，当州议员，糟糕的是他又失败了。在一年里遭受两次打击，这对他来说无疑是痛苦的。他开始着手自己开办企业，可一年不到，这家企业又倒闭了。在以后的17年间，他不得不为偿还企业倒闭时所欠下的债务而到处奔波，历尽磨难。

他再一次参加竞选州议员时，终于成功了。他的内心萌发了一丝希望，以为自己的生活有了转机。

1835年，他订婚了，但离结婚还差几个月的时候，未婚妻不幸去世。这对他的打击实在太大了，他心力交瘁，数月卧床不起。

1838年，他觉得身体状况良好，于是决定竞选州议会议长，可他失败了。1843年，他又参加竞选美国国会议员，但这次仍没有成功。

要是你处在这种情况下，会不会放弃努力？他虽然一次次地尝试，但却是一次次地遭受失败：企业倒闭，未婚妻去世，竞选败北。要是你碰到这一切，你会不会放弃？

但他没有放弃。1846年，他又一次竞选国会议员，这次终于当选了。

两年任期很快过去了，他决定要争取连任。他认为自己作为国会议员的表现是很出色的，相信选民会继续选他。但结果很遗憾，他落选了。

因为这次落选他赔了一大笔钱，他申请当本地的土地官员。但州政府把他的申请退了回来，上面指出："做本州的土地官员要求有卓越的才能和超高的智力，你的申请未能满足这些要求。"

他又遭遇了接连的两次失败。在这种情况下，你会继续努力吗？

你会不会说："我失败了。"

然而，他没有服输。1854年，他竞选参议员，失败了；两年后他竞选美国副总统，获得提名，结果还是被对手击败；又过了两年，他再一次竞选参议员，还是失败了。

他尝试了11次，可只成功了2次。要是你面临这种处境，你会不会早就放弃了呢？

这个在9次失败的基础上赢得2次成功的人便是亚伯拉罕·林肯，他一直没有放弃自己的追求。他一直做自己生活的主宰。1860年，他当选为美国总统。

为了人生的美好和快乐，不管遇到什么艰难险阻，我们都不要让内心绝望，而应秉持积极的心态，这样我们才能走出重重阴霾，步入洒满阳光的康庄大道。

积极的心态还有助于思考，一个人对其他人和社会都会产生一种感情，其外在表现是爱、憎或者中立。其中，爱与中立表现的是积极的心态，而憎表现出来的是莽撞行事，消极工作。所以，我们要把自己的心态保持在爱与中立的状态下，多进行换位思考。马云就达到了这种境界，因此他才能有积极的心态，能够进行正确的思考。当我们排除信条与偏见等诸多因素干扰时，也必须调整心态，以积极的心态去做事，形成良性循环，形成正确的思考，最终走向成功。

在紧邻西太平洋的一个小村子里，由于地处荒漠地带，这里常年看不到绿色，没有一点生机。人们只能依靠政府从远处运载食物和日用品度日。

有一年，加拿大一位名叫罗伯特的物理学家在进行环球考察时经过这里。他在村子里住了几天后发现一个奇特的现象：除了村子里的人，他没有发现多少生命迹象，只有蜘蛛四处繁衍，生活得很好。

对于这一重大发现，罗伯特极为感兴趣，他好奇为什么只有蜘蛛能在如此干旱的环境里生存下来。于是，罗伯特把目光锁定在蜘蛛网上。他借助电子显微镜细心观察后发现，这些蜘蛛网具有很强的亲水性，极易吸收雾气中的水分，而这些水分正是蜘蛛能在这里生生不息的源泉。

罗伯特开始在心里琢磨：蜘蛛尚能如此，为什么人类不能像蜘蛛织网那样截雾取水呢？

在当地政府的支持下，罗伯特研制出一种人造纤维网，选择当地雾气最浓的地段排成网阵。这样一来，空中的雾气就会被反复拦截，从而形成大量的水滴，这些水滴滴到网下的流槽里，就成了新的水源。

据测算，这种人造“蜘蛛网”平均每天可截水多达上万升，不但满足了当地居民的生活用水，而且还可以用来灌溉土地，使这片昔日荒凉的荒漠里呈现出了勃勃生机。

也许一百人来到这里，就会有九十九个人不抱希望，然而罗伯特却在这种看似绝望的环境里发现了新的希望。实际上，在任何地方，任何事情上，都不存在真正的绝境，而之所以绝望，是人的心理在作祟。

因此，不管面对何种境况，我们都不必把它看作毫无希望的绝境，而应该换一种思维，在其中寻找新的希望。如果说我们的生活是一望无际的大海，那么我们每个人便是大海上的一叶小“舟”。当海面风平浪静的时候，那么小舟就会轻松航行；如果海面掀起狂风巨浪，那么小舟就要经受一番考验。人生就是这样，只要心存希望，那些来自外界的不幸不管多么沉重，也不管多么巨大，总会有一条路在我们脚下延伸开来。这个世界上，从来没有什么真正的“绝境”，一切都是相对的。所以，不管摆在我们面前的是怎样的境遇和状况，我们都不要忘了给自己一个希望，只要坚定了这个信念，我们就一定会找到新的出口，也就一定会战胜那些看似难以跨越的困境。

马云认为，我们虽然不能改变世界，但能改变我们自己。尽管人生充满了不如意，但也有不少的东西是我们自己完全可以把握住的，那就是我们对人生、对工作的态度。有人说过，积极的心态可以使你达到人生的顶峰，而消极的心态会使你一生贫苦和不幸。所以，请让我们用积极的心态去快乐工作，去收获美好的人生吧！

不辞职，就别抱怨“工作没意思”

“有些年轻人经常是一上班就一个劲儿地抱怨：真没意思，待在这里工作真没意思！我就奇怪了，既然没意思，为什么不辞职呢？这就是没有敬业精神。”

——马云

无论你选择了什么，你要做的就是全身心地投入。

“事业”和“职业”虽然只有一字之差，但却是两种完全不同的概念和心态。职业是指个人在社会中所从事的作为主要生活来源的工作。事业指人所从事的具有一定目标、规模和系统，对社会发展有影响的经常性活动。

事业是终生的，而职业是阶段性的。职业往往是对工作伦理规范的认同，比如自己从事了某项工作，获得了一定的报酬，工作伦理规范就要求他尽心尽力完成相应的职责，如此才能对得起自己所获得的报酬，职业往往仅是一种谋生的手段而已。事业则是自觉的，是由奋斗目标和进取心促成的，是人们愿为之付出毕生精力的一种“职业”。

曾经有一个年轻的小伙子挨家挨户地推销网站。这个小伙子身上穿的是最廉价的衬衫，发型很土气，情绪很激动，表情很认真，嘴里喋喋不休，因为形象怪异，人家一看就很不屑，以为他是一个骗子，即使不是骗子，也一定是那种没素质又死缠烂打的推销员。这个年轻人就是马云，成功创造阿里巴巴奇迹的马云。

马云与他的团队曾经合作过无数个项目，经历了无数次失败，每一次都是掏光了身上最后一分钱。他们把可以借到的钱都拿来创业了。起初他们创业不断失败，每一次都败得一塌糊涂，但如果下一次还有机会，他们一定又会聚在一起创业。就这样一次又一次，最终他们成功了。

在2005年CCTV中国经济年度人物评选会上，主持人问马云：“阿里巴巴网站的成功，是否因为软银2000万美元的注入？你是否一直就想从事IT业？”马云笑着说：“当时从学校辞职时，我就想拿出10年的时间来做一件事。不管是做什么，当时没有想是网站或是其他什么，哪怕是开一个餐馆，我也会立即去做。”马云就是这样一个人，他的成功取决于他的信念。我们同样相信，即使马云要去开餐馆，他依旧会永不言弃地将开餐馆视为毕生事业，他也一定能成为中国餐饮界的大亨。

有人曾说过，如果一个人能把工作当成事业来做，那他就已经成功了一半。不幸的是，对多数人来说，工作不等于事业，在他们眼里，找工作不过是养家糊口混日子。现实中，我们经常看到两种人，一种是即使天天加班也很享受，另一种是偶尔加一次班也会牢骚不断。

工作很苦很累，其中也蕴含了自己对人生、对工作的态度，不叫苦不叫累，把工作当成自己的事业，这才是通往成功的一条必经之路。而叫苦叫累的人只不过是将工作当成不情愿却不得已为之的劳役，他们是难以成功的。

事业是人所从事的事情，具有一定的目标和系统，同时也对社会发展有影响，而工作是指个人在社会中所从事的作为生活主要来源的一项活动。一般来说，事业是终生固定的，而工作只是阶段性的。一个人在从事一项工作时，为了获取报酬，他只能选择完成相应的职责，如此才能对得起自己的报酬。但是事业不同，事业往往是自觉性的，是自己心甘情愿为之努力、为之付出毕生精力的一种“工作”。对此，有个企业家说过：“我的员工中最可悲也是最可怜的一种人，就是那些只想获得薪水，而对其他事都毫不在意、一无所知的人。”

这个社会分工越来越细，生产力也在不断提高，工作也越来越具有多样性。工作虽然是多样的，但却没有高低贵贱的区别。我们必须坚信，自己从事的工作是有价值、有意义的。不管有没有人欣赏我们，也不管我们属于哪个级别，我们都要尽心尽力做好自己的工作。

许多年前，一个妙龄少女来到东京帝国酒店当服务员。这是她涉世之初的第一份工作，也就是说她将在这里正式步入社会，迈出她人生的第一步。因此她很激动，暗下决心：一定要好好干！可让她没想到的是，上司安排她洗厕所！

没人会喜欢洗厕所，何况她还从未干过粗重的活儿，细皮嫩肉，喜爱洁净，干得了吗？当她用自己白皙细嫩的手拿着抹布伸向马桶时，胃里立马翻江倒海，恶心得几乎呕吐却又吐不出来，那种感觉太难受了。而她的上司对工作质量要求特高，高得骇人：必须把马桶洗得光洁如新！

她当然明白“光洁如新”的含义是什么，但她更知道自己不适应洗厕所这一工作，所以真的难以实现“光洁如新”这一要求。因此，她陷入苦恼之中，也哭过鼻子。她面临着人生第一步怎样走下去的抉择：是继续干下去，还是另谋职业？继续干下去——太难了！另谋职业——难道就这样知难而退？人生之路岂有退堂鼓可打？她不甘心就这样败下阵来。她想起了自己初来时曾下的决心：人生第一步一定要走好，马虎不得。

在关键时刻，同单位的一位前辈及时地出现在她的面前，帮她摆脱了困惑，帮她迈好这人生第一步，更重要的是帮她认清了人生路应该如何走。

首先，他一遍遍地抹洗着马桶，直到洗得光洁如新；然后，他从马桶里盛了一杯水，一饮而尽！实际行动胜过万语千言，他没用一言一语就告诉了她一个极为简单的真理：光洁如新，要点在于“新”，新则不脏，因为不会有人认为新马桶脏，也因为新马桶中的水是不脏的，所以是可以喝的；反过来讲，只有马桶中的水达到可以喝的洁净程度，才算是把马桶洗得“光洁如新”了。

她目瞪口呆，恍然大悟，痛下决心：“就算一生洗厕所，也要做洗厕所里最出色的人！”

从此，她认真负责地洗马桶，不久之后，她的工作质量就达到了那位前辈的高水平。为了检验自己的信心，为了证实自己的工作质量，也为了强化自己的敬业心，她也多次喝过厕水。她很漂亮地迈好了人生的第一步，踏上了成功之路，开始了她不断走向成功的人生历程。

几十年光阴转眼而过，如今她已是日本政府的主要官员。她的名字叫野田圣子。

微软创始人比尔·盖茨先生说：“如果只把工作当作一件差事，或者只将目光停留在工作本身，那么即使是从事你最喜欢的工作，你依然无法持久地保持对工作的激情。但如果把工作当作一项事业来看待，情况就会完全不同。”

无独有偶，李嘉诚说：“无论未来从事何种工作，一定要全力以赴、一丝不苟。能做到这一点，就不会为自己的前途操心。”中国台湾经营之神、台塑集团创始人王永庆先生说：“一个人把工作当成是职业，他会全力应付；一个人把工作当成是事业，他会全力以赴。”态度决定一切。一个人能否有所作为，关键在于他对工作的态度，看他是否将工作当成事业去做。

把工作当成事业去做有很多好处，首先会对工作更有激情。激情是一种积极的精神状态，更是一种积极的工作态度。工作若没有激情，就好比人的身体没有了灵魂，这样什么都做不好的。一个人若将工作当成事业去做，那他就有激情，就会为了工作倾尽全力，而且不怕失败，敢于创新。其次，激情能使我们不断提高，促使我们不断学习，尽心做好，即使是对没做过的事，也能够做得很好。所以说，激情是工作的动力，一个人如果没有激情，工作就难有起色。

行业没有贵贱之分，社会上只有成功者与失败者。“三百六十行，行行出状元”，所有行业的成功者身上大多都有着执拗的性格，他们将工作当成事业去做，丝毫不理旁人的质疑，只是低头在做自己的工作。这个社会上有多少有梦想的人因为倒在别人的怀疑中而与成功擦肩而过？抵抗得住怀疑，将工作当成自己的事业，并成功坚持到最后的就是那些获得巨大成就的人。

把工作当成事业来对待，工作中有学问，实践中有真知。在现实中，同样的岗位，有人碌碌无为，有人却成绩斐然，同一项工作，有人事倍功半，也有人事半功倍，原因就在于人对工作的态度。视工作为事业，就是视工作为乐趣，这样就能找到快乐的人生，就会激发自己的热情和能力，不会把工作作为谋生的手段，更不会当成累赘。

在其位，谋其政；任其职，尽其责。对工作，我们必须忠于职守，要有干不好工作就寝食不安的精神，还要有不成功就誓不罢休的信念，最重要的是要把工作当成事业去做。只有这样，我们才能在平凡的岗位上做出不平凡的业绩，才能无愧于自己，无愧于社会，才会成功。

没有温度的心是无法燃烧的

“激情来得快，去得更快。你可以失败，可以失去一个项目，但是你不能放弃。一个员工第一天晚上很晚下班，疲惫地离去；第二天一早，他又笑着回来了，这就是激情。激情是可以传递的。这样一来，整个公司的氛围就变好了。”

——马云

成功者需要天赋，需要能力，需要运气，但更需要激情，没有温度的心是无法燃烧生命的。

有人做过这么一个实验：

将一条最凶猛的鲨鱼和一群热带鱼放到同一个池子里，然后用强化玻璃隔开。一开始，鲨鱼每天都在不断冲撞那块看不到的玻璃。它试了每一个角落，而且用尽了全力，但每次都弄得伤痕累累，甚至浑身破裂出血。鲨鱼的激情持续了很久，也有了成效。可每当玻璃出现裂痕，实验人员就马上加上一块更厚的玻璃。

后来，筋疲力尽的鲨鱼终于不再冲撞那块玻璃了。再后来，实验人员将玻璃取走，这时鲨鱼也完全没有反应。它每天只在固定的区域游着，已经彻底失去了最初的激情。

激情来源于人们对事物的强烈兴趣，激情是催人奋发的力量，它能点燃我们创业所需的生生不息的动力。在对成功的追求上，我们不仅需要激情，还需要把这种激情保持下来，坚持到最后。

阿里巴巴的创立是从十几个有激情、有理想的年轻人开始的，他们怀抱着创建一家伟大公司的梦想聚集到了一起。年轻的团队容易产生激情，但是更容易因为挫折而失去激情，尤其是做一件从未有人做过的事，其难度将会更大，会有很多未想到的、出人意料的困难。很显然，如果没有持久的激情，在这些困难面前，退却是很容易的事。

马云一直认为，短暂的激情是不值钱的，只有持久的激情才是赚钱的。在阿里巴巴的企业文化中关于“激情”的阐述是：乐观向上，永不言弃；对公司、工作和同事充满了热爱；以积极的心态面对困难和挫折，不轻易放弃；不断自我激励，自我完善，寻求突破；不计得失，全身心投入；始终以乐观主义的精神影响同事和团队。

阿里巴巴内部经常会出现“裸奔”的场景，这是阿里巴巴员工在用特别的方式庆祝业绩上的提升，展现自己的工作激情。有一次，在淘宝交易额超过目标值时，某部门雇员在部门经理带领下愉快“裸奔”，男生脱掉上衣，甚至只剩下一条内裤。还有一次，一位“销售冠军”在一个寒冷的冬日跳下了杭州西湖，因为他和马云以年终业绩打赌，而他输了。

每次阿里巴巴举行宴会等活动时，总能看到管理层“群魔乱舞”，同时员工的情绪也被最大限度地调动起来。在阿里巴巴的一场庆功会上，马云一会儿扮成维吾尔族姑娘，一会儿又扮成江南小城的普通渔夫；而阿里巴巴的首席财务官蔡崇信，这个被认为不好说话、极其严肃的人，也曾穿上女人的丝袜、在众目睽睽下跳起缠绵的钢管舞……

马云说："激情来得快，去得更快。你可以失败，可以失去一个项目，但是你不能放弃。"马云和阿里人靠着这种在外人看来近乎疯狂的激情，形成了强有力的团队凝聚力，大家向着共同的目标大踏步前进。

大多数成功者总是乐于寻求富有意义的挑战，希望做的事情能够挑战自己的能力极限，从而令自己充满激情。如果要将激情保持下去，就需要不断调整自己的目标，在一次次应对危机的过程中锻炼自己的能力，让自己在竞争与挑战中不断提升。

1883年8月19日，在法国的卢瓦尔河畔的索米尔小镇，香奈儿出生了。她的全名是加布丽埃勒·香奈儿。香奈儿12岁时，母亲去世了，香奈儿在孤儿院度过了少年的黯淡时光。17岁，她来到另一个小镇，进入了修道院。在法国，妇女的地位是低下的，一个女孩要想在社会上生存，是非常艰难的。孤儿院的生活使她明白，高超的针织手艺对于女性而言非常重要，她可以通过针线活儿来养活自己，于是，18岁那年，她就到一家商店做助理缝纫师。

香奈儿的卑微出身和早年生活给她的服装理念打上了深刻的烙印。周围的成年妇女穿的工作服使她相信，妇女需要的不是烦琐的装扮，而是适合她们日益活跃生活方式的宽松舒适的衣衫。香奈儿认为："女人为造成她们举止不便的服饰所束缚，从而被迫依赖于男人。"孤儿院穷苦的生活渗入她的设计风格：朴素端庄、简明大方。

她开始设计黑帽，白色短衫，领口系雅致的黑领结，简单素洁的短上衣。同时，在她工作的小镇，有许多驻兵，尤其是那些朝气蓬勃的骑兵制服给她留下了深刻的印象，这无疑也成为此后几十年里著名的镶边服装的灵感来源。20多岁时，香奈儿遇上了富有的骑士卡佩尔，1908年，在他的资助下，香奈儿开了第一家帽子店，她的帽子宽大实用，受到了许多妇女的欢迎。

1912年，趁热打铁的香奈儿又在法国上流社会的度假胜地——诺曼底海边小城开了自己的第一家服装店，很快，她极富个性的运动衫、开领衬衫、短裙、男式雨衣吸引了时髦女郎的注意。不仅如此，为了扩大宣传，香奈儿让自己的姐姐穿上自己设计的新式服装，到城里最繁华的地方吸引妇女们的注意，这差不多是最早的一种广告形式了。香奈儿的事业越来越成功了。

1918年，香奈儿的亲密爱人卡佩尔因车祸遇难，但香奈儿依然坚强地发展自己的事业。1924年，她推出了著名的黑色小礼服，掀起了世界服饰的革命。她强调的是舒适性、方便性和实用性。在第一次世界大战期间，男性上战场，女性负起持家工作，职业妇女渐渐兴起，因此需要较实用实际的服装，香奈儿的服装正好符合这个趋势，她的事业得到了蓬勃发展。

第一次世界大战后，她认为手工定做服装不符合大众需要，虽然当时手上有约200位名人的订单（包括伊丽莎白·泰勒、英格丽·褒曼），她还是决定投入成衣市场，这让香奈儿企业成为数一数二的服饰大企业。

香奈儿并没有满足于所取得的成绩，自1920年开始，香奈儿开始提倡整体形象，这当然是从头到脚，还包含配件、化妆品、香水。对她来说，一个女人不该只有玫瑰和铃兰的味道，香水会增添女性无穷的魅力。于是，她推出了“香奈儿5号香水”，这是第一支由服装设计大师推出的世纪经典香水。当著名的好莱坞影星玛丽莲·梦露用性感而充满磁性的声音对全世界说："我只'穿'香奈儿5号入睡"时，全世界都为之疯狂了。

我们需要明白激情是一种内在的力量，我们的任务就是让这种力量慢慢觉醒，一旦这种力量觉醒，我们将会充满斗志，就有能力将困难打败。这种力量每个人都具备，我有，你也有，关键是我们是否愿意合理地利用它，是否愿意将这份力量完全释放出来。

当然，在年轻的时候，如何去理解激情，似乎有些困难。我们想做很多事，想当工程师，想成为影视明星，想要成为华尔街上的投资家，但我们是否清楚所做的那些事是自己需要做的，还是喜欢去做的，又或者只是一时的冲动。这有很大的区别，因为动机不同的话，我们的持久性会不同。若不是自己最爱的事情，我们很难全身心地投入进去。

因此想要做好一件事，我们需要端正自己的态度，你要为自己的选择负责到底，为自己的人生负责到底，既然去做了，那么就要全心全意地去做好，要无怨无悔地去付出，这是支撑你继续走下去的动力。因为投入激情，是收获成功的前提。

第三章

“教”是知识，“育”是机遇

马云：中国的“教”相当好，中国的“育”做得不够，“教”“育”是两个概念。教书，到全世界各个大学去看，中国学生在中国的学校里面，初中高中成绩比较差的学生，到欧美都是最好的学生，这跟我们老师的教育水平、学生的勤奋、老师的教育方法是有关系的。

“我在班里面不是前三四名，也不会跌到十名以外，我考91分，努力考94分、95分也有可能，那样我花的时间就太多了。但是我花时间跟别人玩，学到的更多，给自己更多的机会。”

机会就在身边，找不到是你的错

“人看机遇的四个阶段：第一阶段，看不见；第二阶段，看不起；第三阶段，看不懂；第四阶段，来不及。”

——马云

机遇的存在是客观的，它并不会因为人的喜恶而改变。不管你是什么人，只要你发现了它，并能够驾驭它，它总会带给你不错的回报。然而，能看到机遇的人毕竟是少数，这就是机遇可贵的原因了。其实，机遇并不是那么难测，它的奥秘也不像许多人想象的那么神秘、深远。

机遇经常在你身边，在你伸手够得着的地方。一般说来机遇是平等的，因此有人总结出，人的成功取决于三大要素：天分、勤奋和机遇。有的人才华过人，有的人勤奋肯干，可总与成功无缘，他们欠缺的便只是机遇了。而相当多的人能够成功，就是因为他们善于抓住机遇。

谈到阿里巴巴的成功时，马云有一个“时代决定论”。“这是互联网改变世界和中国商业的大势所趋，没有我，也会有别人去做类似的事。”但为什么偏偏是马云做起了阿里巴巴，是他比较幸运吗？马云认为，他的成功源于他抓住了一两个或三个机遇。

马云推出阿里巴巴时，互联网刚刚兴起，马云前瞻性地看到了互联网行业的机遇，抓住了，并取得了成功。可这种新兴的市场机遇并不是天天都存在的。我们日常遭遇的更多是日益饱和的市场，在巨头盘踞的市场中，有没有机遇呢？2013年在首尔大学的演讲中，马云指出：“在中国，有淘宝、百度和腾讯，我们已经没有机会了吗？我想在韩国情况相同，每个人都会觉得，已经有这家公司了，我们该如何生存？10年前，我对比尔·盖茨也有同样的想法。因为微软，我没有机会了；因为Google（谷歌），我没有机会了。不是，机遇无处不在。因为互联网，因为云计算，因为大数据，这个世界上每个人都有机会。”

在推出淘宝的时候，易趣雄霸中国市场，马云却硬是从巨人手里分一杯羹，最终后来居上，把淘宝做成了中国最大的C2C电子商务平台。紧接着，马云进一步地推出了天猫商城，进军B2C领域，而当时B2C领域已经有卓越亚马逊、京东商城、当当网等一些实力强大、影响力深远的B2C平台，在这种形势下，马云仍旧看到了机遇，它凭借淘宝在C2C平台上的成功运作基础和良好的品牌基础，硬是在强敌林立的B2C领域占据了一席之地，并且带动了中国的电子商务市场一番新的高增长。

2013年6月19日，支付宝和天弘基金联合发布了“余额宝”，这个产品上线不到6天，用户数量已经突破了100万。“余额宝”是互联网和基金理财产品融合的产品，将基金公司的基金直销系统内置到支付宝网站中，用户在支付宝网站内将资金转入余额宝，即可购买天弘基金的增利宝货币基金，年收益率3%~4%。“余额宝”推出后，马上集聚了超高的人气，很多人又一次发出感慨，为什么好机会都被马云抓住了！

“机会是上帝的别名”，可见机遇对于成功的重要性，发现并把握机遇可以说是通往成功的一条捷径。为什么马云那么幸运，恰巧在美国碰到了互联网，然后跟互联网结下了不解之缘？其实，上帝是公平的，它给每个人的机遇是平等的，关键在于你是否善于发现。

马云的经历告诉我们：机遇之所以不是侥幸，不仅是因为它需要我们积极主动地去争取，更为重要的是，机遇总是与理想、信念不离左右，发现机遇可以成为我们实现理想、坚定信念的催化剂。

曾经有一位美国的老人在看报纸的时候，发现在《纽约时报》上刊登着这样一则消息：某海滨城市正在出售一栋豪华别墅，这栋别墅靠近海边，有花园草地，还有一个小型的游泳池，而售价只有一美元。

一美元？这位老人感觉很奇怪，同时也感觉很荒唐。他在想到底这些广告商们耍了什么花招儿，于是老人对这件事情嗤之以鼻。他也想：现在的商人为了赚钱，真的能想出很多花招儿。

但是在接下来的日子里，这位老人一直都能够看到这则消息。在一个月之后，这位老人有点沉不住气了，于是他就想，说不定天底下真的有这样的好事，而且这个海滨城市离自己的住地也不远，找个时间去看看。

于是第二天，这位老人做了一点准备之后就出发去这个海滨城市了。老人按照广告上的指示，很快就找到了这栋别墅，这栋别墅的确是一栋非常气派的别墅。老人此时又有些动摇了，难道这么高档的别墅真的就卖一美元吗？但是想想自己已经来了，所以也就准备进去看看。

老人按了按门铃，过了一会儿一个老太太出来了，然后请他进去。老人就开门见山地问这栋别墅是怎么卖的。老太太则笑笑说："当然是一美元啊。"老人非常高兴，于是就准备掏钱，但是被老太太拦住了。老人刚想指责这个老太太不守信用，却看到老太太指着一个正在写东西的人说："先生，他比你早来了一个小时，他已经在签订合同了。"

老人仔细看了看对方，原来是一个衣衫褴褛的流浪汉，老人非常不解地问："难道他真的花一美元买下了这栋别墅？"老太太点了点头。老人还是不相信，于是就问道："难道没有什么其他的附加条件吗？”老太太摇了摇头。此时老人心里非常遗憾，但还是不敢相信天底下真的有这样的好事。

后来，老人才知道这位老太太的丈夫在离开人世的时候立下了一个遗嘱，要将变卖这栋别墅的钱全部送给他的情妇，所以老太太在盛怒之下决定以一美元的价格将这栋别墅卖出去。但是这则消息在刊登了之后一直没有人相信，很多人都认为不是真的，只有这个流浪汉相信了，并且获得了这栋别墅。

机会就像是一个飞翔的天使，它从一个窗口飞进来的时候，很容易从其他的窗口再飞出去，如果我们不懂得珍惜和把握，那么我们就会后悔。

要想成功就要懂得把握机会。比尔·盖茨之所以能够成为世界首富，就是因为他懂得把握机会，他把握住了一个新兴产业的市场；马云本来只是一个英语教师，但是现在他却是电子商务王国的“巨无霸”，就是因为他懂得把握机会。其实我们身边这样的例子不胜枚举，很多时候我们总是能够看到成功的可能，但就是因为没有积极把握，致使我们与成功擦肩而过。

命运所青睐的人都是懂得把握机会的人，这些人都对机会有着超强的观察能力，他们看到机会之后，哪怕这个机会很小，也会努力把握。

别人觉得不可能，才是真正的机会

在大家都觉得这是一个机会的时候，我们不去凑热闹。而在大家都还没有开始准备，甚至避之不及的时候，往往正潜伏着最大的机会。

——马云

机遇就像一个精灵，它来无影去无踪，令人难以捉摸。在实践活动中，如果你能在时机来临之前就识别它，在它溜走之前就采取行动，那么，你就能抓住那数不清的财富。

每个人都渴望抓住机遇，因为在某种意义上，机遇就是巨大的财富，它对改变人生面貌具有巨大作用。很多的成功人士无不例外地都是机遇成就了他们的事业，机遇带给了他们无尽的财富。但是机遇却又稍纵即逝，极不容易把握，有时也许只存在万分之一的可能，但是毕竟它存在着。只要有锲而不舍的毅力去争取，就一定能有所收获，有所建树。

马云出生在浙江杭州，那里是中国经济最成熟的长三角经济圈，有着中国最为庞大的从事外贸业务的中小企业集群，是中国民营经济最为活跃的地方。

作为土生土长的杭州人，马云对于中小企业的需求有着最为深刻的体会：购销资讯的缺乏、产购信息的不对称，以及国际业务和转口贸易的成本偏高，都是让这些中小企业主十分头疼而又一直没有办法解决的问题。

马云就从这里看到了商机：中小企业使用电子商务将会是未来的一种趋势。马云坚信：互联网对于发展中国家是机遇，对中小企业是机遇，互联网是以快打慢，以小博大。竞争会迫使更多的企业上网。不上网的企业，会老不会大。

于是马云毅然放弃了在北京已经稳定的事业基础，回到杭州，建立了自己的阿里巴巴，最终大获成功。

马云的成功经历告诉我们，他的成功并不是偶然，而恰恰是那种独特的猎犬式眼光和远见促成了他最终的成功。

有人说，马云创业的时候环境和机会比我们好，是他运气好，所以成功了，但我们没机会了。其实，这不过是一个借口，这世界永远是机会。当初微软做起来的时候，人们都说没人能超越微软，后来出现了雅虎；人们说没人能超越雅虎，后来又出现了eBay；人们觉得eBay已经很了不起了，又出现了谷歌；当人们觉得谷歌已经像太阳一样无法被超越了，又出现了Facebook（脸书）。

既然如此，我们为何不向马云学习呢？机会也许就在别人看不清的时候才是机会，若所有人都能看懂，又何谈先机呢？我们要学会善于辨认真正机会的本事，因为只有这样才能给我们带来成功。

19世纪中叶，美国人在加利福尼亚州发现了金矿，这个消息就像长了翅膀，很快就吸引了很多的美国人。在通往加利福尼亚州的每一条路上，每天都挤满了去淘金的人。他们风餐露宿，日夜兼程，恨不得马上就赶到那个令人魂牵梦萦的地方。

在这些做着美梦的人流中，有一个叫菲利普·亚默尔的年轻人，他当年才17岁，是一个毫不起眼的穷人。

就是这个年轻人，后来却干出了使人感到惊奇的事情。到了加利福尼亚州之后，他的“黄金梦”很快就破灭了：各地涌来的人太多了。茫茫大荒原上挤满了采金的人，吃饭、喝水都成了大问题，刚开始的时候，亚默尔也跟其他人一样，整天在烈日下拼命地埋头苦干，一天都是口干舌燥。

亚默尔很快就意识到，在这里，水和黄金一样贵重。他曾经不止一次地听到人说：“谁给我一碗凉水，我就给他一块金币！”可是很多人都被金灿灿的黄金迷住了，没有人想到去找水。

亚默尔想到了，他很快就下了决心，不再淘金了，弄水来卖给这些淘金的人，赚淘金者的钱。卖水其实很简单，挖一条水沟，把河里的水引到水池里，然后用细沙过滤，就可以得到清凉可口的水了。他把这些水分装在瓶里，运到工地上去卖给那些口干舌燥的人。那些人一看到水，就像苍蝇发现血迹，一下子就拥了过来，纷纷拿出自己的辛苦钱来买亚默尔的水解渴。

看到亚默尔的举动，很多淘金者都感到很可笑：这傻小子，千里迢迢跑到这里来，不去挖金子，而干这玩意儿，没出息！

这本身就是一个大胆的决策，亚默尔自然不会被这些话吓回去，依然我行我素，天天坚持不懈，一直在工地上卖水。

经过一段时间，很多淘金者的热情减退了，本钱用完了，血本无归，两手空空地离开了加利福尼亚州。亚默尔的顾主越来越少，他也应该走人了。

这时，他已经净赚了6000美元，在那个年代，拥有这些金钱的他已经算是一个小小富翁了。

人要在有限的生命中创造出大事业，仅靠苦干蛮干是行不通的，要靠你富有智慧的大脑，要靠你那犀利的双眼看准时机去把握机遇，将它变成现实的财富，这才是你智慧的体现。

机遇总是那么短暂而又不可多得，因此，我们总是在为机遇而不停地准备着。我们做梦都盼望着机遇的到来，而一味地等待或许会让我们痛失良机。

马云认为，要想抓住机遇，就必须具有识别机遇的眼光。我们处在一个充满机遇的世界，随时都有好机会出现在我们面前。但是，我们能不能认出它是一个好机会，则是关键。

1865年，美国南北战争宣告结束，北方工业资产阶级战胜了南方种植园主，但林肯总统被刺身亡。全美国处于矛盾之中，既为统一美国的胜利而欢欣鼓舞，又为失去了一位可敬的总统而无限悲痛。

当时的安德鲁·卡内基却看到了另一面。他预料到，战争结束之后，经济复苏必然降临，经济建设对于钢铁的需求量便会与日俱增。

于是，他义无反顾地辞去铁路部门报酬优厚的工作，合并由他主持的两大钢铁公司——都市钢铁公司和独眼巨人钢铁公司，创立了联合制铁公司。同时，卡内基让弟弟汤姆创立匹兹堡火车头制造公司并经营苏必略铁矿。

在联合制铁厂里，矗立起一座22.5米高的熔矿炉，这是当时世界最大的熔矿炉，对于它的建造，投资者都感到提心吊胆，生怕将本投进去后不能有所回报。但卡内基的努力让这些担心成为杞人忧天，他聘请化学专家驻厂检验买进的矿石、灰石和焦炭的品质，使产品、零件及原材料的检测系统化。

在当时，从原料的购入到产品的卖出，往往显得很混乱，直到结账时才知道盈亏状况，完全没有科学的经营方式，卡内基大力整顿，贯彻了各层次职责分明的高效率的理念，使生产水平大为提高。同时，卡内基买下了英国道兹工程师“兄弟钢铁制造”专利，又买下了“焦炭洗涤还原法”的专利。

他这一做法不乏先见之明，否则，卡内基的钢铁事业就会在不久的经济大萧条中成为牺牲品。

1873年，经济大萧条的境况不期而至。银行倒闭、证券交易所关门，各地的铁路工程支付款突然被中断，现场施工戛然而止，铁矿山及煤山相继歇业，匹兹堡的炉火也熄灭了。

面对这谈虎色变的大萧条时期，卡内基却慧眼独具地断言：“只有在经济萧条的年代，才能以便宜的价格买到钢铁厂的建材，工资也相应便宜。其他钢铁公司相继倒闭，向钢铁挑战的东部企业家也已鸣金收兵。这正是千载难逢的好机会，绝不可以失之交臂。”

于是，在最困难的情况下，卡内基却反常人之道，打算建造一座钢铁制造厂。

他为此专门找股东摩根，说出了自己的新打算：

“我计划进行一个百万美元规模的投资，建贝亚默式5吨转炉两座，旋转炉一座，再加上亚门斯式5吨熔炉两座……”

“那么，工厂的生产能力会怎样呢？”摩根问道。

“1875年11月开始工作，钢轨年产量将达到3万吨，每吨制造成本大约69美元……”

“现在钢轨的平均成本大约是110万美元，新设备投资额是100万美元，第一年的收益就相当于成本……”

“比股票投资还赢利。”卡内基补充了一句。

在摩根的合作下，股东们同意发行公司债券。

有了资金，卡内基的宏伟计划开始实施，各项工程有条不紊地进行。但工程进度比预定的时间落后，1875年8月6日，卡内基收到第一个订单：2000支钢轨。与此同时，他新建的熔炉也点燃了。

每吨钢轨的制成劳务费是8.26美元，原料40.86美元，石灰石和燃料费是6.31美元，专利费1.17美元，总成本不过才56.6美元。这比原先预计的69美元便宜多了。卡内基兴奋不已。

1881年，卡内基与焦炭大王佛里克达成协议，双方投资组建H·C·佛里克焦炭公司，各持一半股份。

同年，卡内基以他自己三家制铁企业为主体，联合许多小焦炭公司，成立了卡内基兄弟公司。

卡内基兄弟公司的钢产量占全美的1/7，并逐步向垄断型企业迈进。

1890年，卡内基兄弟公司吞并了狄克仙钢铁公司之后，一举将资金增到2500万美元，公司名称也变为卡内基钢铁公司。不久之后，又更名为US钢铁企业集团。

马云认为，在人生中，如果你能够做到“超前决策”，能在时机来临之前就识别它，在它溜走之前就采取行动，那么就能够抢占先机，赢得幸运女神的青睐。

在能够把握机遇并且充分利用机遇的人那里，机遇时刻都存在着，把握机遇就像有经验的船夫利用风一样，两者之间似乎有一种默契；而在对机遇毫无知觉、也不会很好利用的人那里，即便机遇来到眼前，他也不能及时地抓住。

在危机中寻找生机

“危机来的时候，我就有一种莫名的兴奋，我的机会来了。”

——马云

提到机遇，人们总会想到美好的未来，充满了向往，可提到危机，人们总是心存恐惧，恨不能离得越远越好。然而，世事多变，没有绝对的机遇，也就没有绝对的危机。事实证明：在通往成功的道路上，从来少不了危机的身影。

美国前总统尼克松曾说过："汉字用两个字符来书写Crisis这个单词。'危'字代表危险的意思，'机'字则代表机会的意思。身处危机中，意识到危险的同时，不要忽略机会的存在。"在某些情况下，"危机"可能就是你的"转机"，正如那句名言所说"塞翁失马焉知非福"，只要没到最后一刻，就不要轻易给"危机"下结论，把精力用在思考补救的办法上，它就一定会被你的信心和勇气化解。

2003年春天的广州交易会（简称广交会）如期举行，不巧的是，广州暴发了"非典"疫情，对于广州这个灾区，人们能避则避，可马云为了信守承诺，考虑再三，还是派人去了广交会。很不巧的是，从广州回来的一名员工出现了发烧症状，被诊断为杭州第四例"非典"疑似病人，阿里巴巴公司总部近500名员工被迫隔离。在当时的敏感时期，这一事件还上了《人民日报》，《人民日报》将其定性为"麻痹的代价"，"为什么要在这个时候派员工去广交会"的指责一一指向了马云。

"非典"除夺去人的生命外，它更能在无形中置企业于死地。试想，如果因为所有员工被隔离在家，导致阿里巴巴网站瘫痪10天，那么阿里巴巴4年的苦心经营必将付诸东流，刚刚起来的销售势头也将随风而去，阿里巴巴就会陷入死亡的深渊。

阿里巴巴到了生死存亡的关键，马云个人又备受谴责。当时，他的压力非常大，但是他却选择用坚定、乐观的情绪稳定全局。他给全体员工发了一封公开信：

“今天,阿里巴巴正面临着自成立以来最大的一次挑战……我为有这样的年轻人而骄傲,我为自己能在这样的公司工作而自豪!我也希望阿里的家人朋友们为你们这样的年轻人,这样敢于接受挑战的年轻团队而鼓掌!因为你们没有选择恐慌、退缩和悲观!这是阿里价值观的作用!在这个非常时期,请发挥阿里人群策群力的传统,在2003年5月15日之前(或更长时间),无论你在公司、在家里,还是在医院,请铭记阿里人的使命和价值观,在完全确保自己和他人健康安全的情况下,全力以赴地为我们的客户服务。”

阿里巴巴上下都看到了马云这封信,慌张、躁动的心慢慢平稳了,大家开始把心放到工作上。在阿里巴巴被隔离的时间里,500多名员工全部在家里上班,按部就班、各司其职,“每天该干什么还是干什么,只是不像以前一样面对面,到中饭的时候,就去弄点吃的,下午1点多就会回到电脑前,晚上八九点员工还一起在网上娱乐。”有员工回忆说,所有员工通过网络、电话沟通联系,保证了所有客户没有人抱怨。

那段时间,阿里巴巴的客户会感觉比较奇怪,有时拨打服务电话,接通了,却会传来老人的声音:“你好,阿里巴巴。”原来,阿里巴巴员工把服务电话转接到了家里,他们还会特意嘱咐家人:“有电话打进来,你一定要说:‘你好,阿里巴巴。’”就这样,除了一点点奇怪外,所有客户都没有发现异常,隔离结束后,马云提到公司全体员工曾经被隔离了,很多客户都难以相信。

稳定了军心后,马云还不忘因势利导,“借势造市”。从2003年4月2日起,在中央电视台第一、第二套节目黄金时间开始滚动播放阿里巴巴网站的广告,宣传在阿里巴巴从事电子商务不受“非典”羁绊的特色。当时,很多中小企业和他们的国外客户被困在了家里,他们看到这一广告后,就尝试性地接触阿里巴巴,并很快发现:“哦,原来我们还可以这样做生意。”

在“非典”肆虐的2003年第一季度，阿里巴巴迎来了腾飞的机会，这一季度注册用户增长了50%、点击量增长了30%。阿里巴巴的品牌开始深入人心，“非典”过后，阿里巴巴的业务人员出去跑企业，基本上不用再向客户介绍阿里巴巴是什么和如何应用。

马云在“非典”期间的灵活应对，不仅把危机变成了机会，把阿里巴巴的品牌推广开来，迎来了阿里巴巴的腾飞，他还在这个关键时期，有效地凝聚了人心，把阿里巴巴团队打造得更有战斗力。“当绊脚石变成垫脚石时，你就是生活的胜者。”这句话一点儿也不错。当一般人都在苦难中思考如何将自己的损失在危机中降到最低时，成功者却在危机中寻找转机存在的蛛丝马迹。

安东尔是一位卖松饼的小贩，他就看到了别人看不到的机会，最终走向了成功。

那是一年一度的嘉年华大会，之前，安东尔一直摩拳擦掌、满怀信心地准备好好地赚一笔钱。果然不出安东尔所料，热腾腾的松饼再淋上甘甜的蜂蜜，飘散浓浓的香味，吸引了许多客人，他生意好得令周围许多卖冰激凌的寻常摊位眼红。

但人生不如意事十之八九。就在安东尔志得意满时，一直很稳定供应他纸盘的供应商，为了配合全国性的纸业大罢工，不能再供货给他。安东尔的纸盘库存随着每天大量的消耗而殆尽，生意亦随着发生危机。

起初，安东尔试着用纸巾来代替纸盘，但客人们又嫌纸巾会被蜂蜜黏在松饼上，吃起来相当不方便；随着顾客们不断地抱怨，安东尔的生意逐渐清淡，终至没有任何人光顾。

然而，嘉年华会期还有很长的一段时间，安东尔将摊位整个会期的租金都付清了，现在却无生意可做，旁边冰激凌的摊贩好意劝他，不如来帮着卖冰激凌好了。迫于无奈，安东尔只得以较高的价格，向隔壁的冰激凌摊贩批购了一些冰激凌来卖，聊以补贴自己摊位的开销。

冰激凌虽然也需要纸杯来盛装，但因为生意惨淡，安东尔不必为大量的纸杯而操心。可是自己的生意毕竟操纵在别人手中，安东尔仍然充满顾虑。他的可口的小松饼虽然还散发着甜香，可缺少了吸引力，冰激凌虽然味道好，但是却利润微薄，两种东西都不能如意。正当安东尔忧心忡忡时，突然一道亮光闪现，他的脑海里出现了松饼与冰激凌的结合体。若是将松饼压薄一点，使之坚固一些，再将压实的松饼卷成圆锥状，就能够盛装冰激凌了。如此一来，客人既可以吃到冰凉甜美的冰激凌，又能享受香脆爽口的松饼，真是一举两得。安东尔兴奋不已，立刻动手，果然，这个创意让安东尔再次成为嘉年华会中生意最好的摊贩。而举世闻名的“甜筒冰激凌”，也就这样问世了。

有人说：“用勇敢去改变可以改变的，用坚强去承受不能改变的，但是我们要用智慧分辨两者的区别。”这句话告诉我们，当人在陷入绝境时往往会孤注一掷，就如同输急了的赌徒急于翻本一样。而在顺境时失去了理性的思考，也常常是失败的开端。

马云认为，成功与失败之间，差别可能就在于是否能用理性来思考问题，是否可以置之死地而后生，是否能在危机中寻找生机。也许，很多人失败就失败在最后关头放弃，他们开始听天由命，可是好运不会平白无故地降临。

危机和生机是相辅相成的，简单来讲，危机就是一个人站在高高的山崖边上不敢妄动。换个角度而言，正是因为山崖很高，很少有人能够上去，我们才能在上面登高望远，发现平时看不到的景色，看清前方的道路。

马云在一次演讲中说道："人的一生可谓危机四伏，但只要我们遇到危机时耐心思虑、机智妥善地应对并把握好时机，定会使危机变为转机。"

因此，当我们在绝境时，更需要的是坚持的勇气，要相信自己。其实绝境更多的是对人心智的一种考验，我们既然已经走到了这一步，就应该不顾一切去坚持，这样至少不会后悔。

幸运女神不会等你准备好才光顾

"我练过太极拳，太极拳要求专注，别看绕来绕去，要适时出击。"

——马云

在瞬息万变的现代社会中，机遇可说是无处不在，无时不在，关键是看你能否把握住它。在萌发机遇的土壤里，每一个人都有成功的机会。面对众多的机遇，你要启动你的慧眼，然后选择一个最有利于自己的机会，彻底放弃其他的机会。有人抓住了它，于是一跃而上，踏上了成功的"天桥"；有人一叶蔽目，错失了眼前晃动的机缘，结果一生碌碌而过。

马云认为：如果我们想成为强者，就应当以自主的行动去创造机会，这样机会才能光临我们，才可能为自己所有，并在自己的人生中升值。

众所周知，马云创办的淘宝网已经成功走出了中国，从2005年第一季度开始就已经成为了亚洲最大的购物网站。同时，马云是中国大陆第一位登上美国《福布斯》封面的知名企业家，也是最早在中国互联网领域开拓并坚持的企业家，他和他的团队创造了许许多多的奇迹，也赢得了互联网领域中很多的“第一”头衔。

哈佛大学两次将马云和阿里巴巴经营管理的实践收录为教学案例，还引用了马云对阿里巴巴的核心价值的阐述：“我认为阿里巴巴的价值不在于每天的浏览量是多少，而在于能否给客户带来价值。”

那么，马云如此成功的秘诀是什么呢？没错，是机会。马云成功抓住了他人生中的几次重大机会，因此他才可以做得如此成功。

我们不得不承认，机会不会等我们准备好了之后再到来，在其他人没有准备好时，马云却可以很好地抓住这些机会。

马云于1995年4月创办了“中国黄页”网站，这在当时无疑是一个首创性的壮举。马云在美国西雅图第一次接触互联网，并认定这是一个不容错失的机会，于是他便很快创立了“中国黄页”这个全球第一家网上中文商业信息站点，可见他并没有经过太多的准备，而他在没有准备好的情况下就已经抓住了这次机会，并在国内最早形成面向企业服务的互联网商业模式。

此外，阿里巴巴的创立、淘宝网的开创都是很好的例子。当这些机会来临时，完全不懂互联网技术的马云又何谈去准备呢？他只是在没有准备好的情况下就成功抓住了这些机会，最终获得了巨大成功，他的成功或许就是这样简单。

马云认为，机会一旦错过，就不再是机会了。与其花很多时间去准备，再去下手，最后徒劳无功，还不如直接抓住机会。

有很多人都在苦苦等待机会降临在自己的身上。殊不知，一味等待机会的降临是一种多么无知而可笑的想法。我们千万不要以为机会像是一个到家里来的客人，它会在我们的家门口敲门，等待我们开门把它迎进来。仅凭这种祈求和等待，我们将永远也没有机会，永远也不可能成功。

一天，一位贵族的府邸正要举行一场盛大的宴会，主人邀请了一大批客人。就在宴会开始的前夕，负责餐桌布置的点心制作人员派人来说，他设计用来摆放在桌子上的那件大型甜点饰品不小心被弄坏了，管家急得团团转。

这时，西格诺府邸厨房里干粗活的一个仆人走到管家的面前怯生生地说道："如果您能让我来试一试的话，我想我能造另外一件来顶替。"

"你？"管家惊讶地喊道，"你是什么人，竟敢说这样的大话？"

"我叫安东尼奥·卡诺瓦，是雕塑家皮萨诺的孙子。"这个脸色苍白的孩子回答道。

"小家伙，你真的能做吗？"管家将信将疑地问道。

"如果您允许我试一试的话，我可以造一件东西摆放在餐桌中央。"小孩子显得镇定一些。

仆人们这时都手足无措了。于是，管家就答应让安东尼奥去试试，他则在一旁紧紧地盯着这个孩子，注视着他的一举一动，看他到底怎么办。这个厨房的小帮工不慌不忙地要人端来了一些黄油。不一会儿工夫，不起眼的黄油在他的手中变成了一只蹲着的巨狮。管家喜出望外，惊讶地张大了嘴巴，连忙派人把这个黄油塑成的狮子摆到了桌子上。

晚宴开始了。客人们陆陆续续地被引到餐厅里来。这些客人当中，有威尼斯最著名的实业家、有傲慢的王公贵族们，还有眼光挑剔的专业艺术评论家。但当客人们一眼望见餐桌上卧着的黄油狮子时，都不禁交口称赞起来，纷纷认为这真是一件天才的作品。他们在狮子面前不忍离去，甚至忘了自己来此的真正目的是什么了。结果，这个宴会变成了对黄油狮子的鉴赏会。客人们在狮子面前情不自禁地细细欣赏着，不断地问西格诺·法列罗，究竟是哪一位伟大的雕塑家竟然肯将自己天才的技艺浪费在这样一种很快就会融化的东西上。法列罗也愣住了，他立即喊管家过来问话，于是管家就把小安东尼奥带到了客人们的面前。

当这些尊贵的客人们得知，面前这个精美绝伦的黄油狮子竟然是这个小孩仓促间完成的作品时，不禁大为惊讶，整个宴会立刻变成了对这个小孩的赞美会。富有的主人当即宣布，将由他出资给小孩请最好的老师，让他的天赋充分地发挥出来。

西格诺·法列罗果然没有食言，但安东尼奥没有被眼前的宠幸冲昏头脑，他依旧是一个纯朴、热切而又诚实的孩子。他孜孜不倦地刻苦努力着，希望成为皮萨诺门下一名优秀的雕刻家。

也许很多人并不知道安东尼奥是如何充分利用第一次机会展示才华的。然而，却没有人不知道后来著名雕塑家安东尼奥·卡诺瓦的大名，也没有人不知道他是世界上最伟大的雕塑家之一。

励志大师卡耐基曾说过："没有机会，这是失败者的推诿，许多奋斗者的成功，都是用他们自己的能力去创造机会。"

也许我们没有机会，更没有准备好去迎接机会，但我们必须要有一颗勇敢的心，一颗不畏惧失败的心，只有这样我们才能越来越接近成功。但问题的关键是，我们是否能在没有机会，也没有准备好接受机会的前提下，拥有一颗越挫越勇的心呢?

有位年轻人来到微软公司，径直敲开总经理的门，开口就说："我想在贵公司谋求一份工作。"总经理甚感诧异，疑惑地问："我们近段时间没有刊登招聘广告啊?"年轻人认真地说："我很想试一试。"

总经理盯着年轻人，觉得很新鲜，于是破例给了他一次机会。结果年轻人表现得不理想，总经理笑着说："等你准备好了再来吧！"一周后，年轻人果然再次来到微软。这次他虽然比上次有了不小的进步，却仍没得到充分认可。总经理则还是那样，笑着说："等你准备好了再来吧！"

就这样，年轻人先后8次走进微软公司大门。最终，他被公司录用了，而且被公司列为重点培养对象。现在，他已经是公司的一名高层领导，名字叫约瑟夫·亨利。

在生活中，机会时常会经过我们身旁，它时常来得很突然，甚至还会披着隐身衣等着我们去寻找，去发现。不要凡事都想着守株待兔，不要寄希望在自己完全准备好、又有能力的时候再去做事情。我们虽然寄希望于"机会"，但机会本身就是缥缈的，又怎么可能来得那么凑巧呢?

面对生活中的种种机会，有人会主动抓住机会，有人被动错失机会，更多人会考虑自身能力无奈放弃机会。主动抓住机会的人可能会成功，而错失机会和放弃机会的人注定是失败者。

这个问题简单来讲，就是主动寻找机会而获得机会的概率往往大于被动地等待机会，即使主动抓住机会而最终失败，其失败原因往往不在于"主动"本身，可能是与我们的能力相关，也可能是因为最终没有坚持下来。

在当今竞争激烈的社会中，主动寻求机会的人逐渐增多，即使在没有完全准备好的情况下，通过"毛遂自荐"抓住机会，也成为谋求成功的重要手段。人们常说："愚者错失机会，智者善于抓住机会，成功者创造机会。"也许机会不会给准备好的人，也许我们的能力并不足以把握即将到来的机会，但我们要像马云那样大胆地去抓住机会，为了生存去寻找机会，因为只有这样才有可能成功。

机遇会乔装成困难

“多数人的毛病是，当机会冲奔而来时，人们兀自闭着眼睛，很少人能够去追寻自己的机会，甚至在绊倒时，还不能看见它。所以，想要成功很简单，只要在机会迎面而来的时候，勇敢地接着它。”

——马云

人生一世，有多少困难，有多少挑战，就会有多少机遇。机遇往往乔装成困难，挡在你通向成功的路上，如果你不敢与之交手，那么也就无法认清它的真面目，白白失去了成功的机会。

2011年，有消息传出，阿里巴巴将收购雅虎中国，消息一出，一片哗然。雅虎成立于1995年，辉煌时期，曾与微软、甲骨文并列为世界IT三大巨头。此后虽然业务停滞不前，但瘦死的骆驼比马大，它的邮箱、搜索等业务在全球仍拥有广泛客户。同时，它在美国通信市场扮演着非常重要的角色。不仅如此，雅虎手上握有的阿里巴巴、雅虎日本股权等亚洲业务均被投资者们广泛看好。如果阿里巴巴如愿将雅虎并入囊中，这将是继联想集团2004年年底收购IBM（国际商业机器公司）的PC（个人计算机）部门以后，中国企业最重大的一次海外并购案。阿里巴巴能吞下雅虎这头大象吗？

有人说马云是痴心妄想，此次收购困难重重，有人说这又是马云的一次作秀，借雅虎炒作自己，面对外界的多种评论，马云很淡定。2011年8月11日下午，马云在“阿里巴巴全面收购雅虎中国”发布会上正式宣布："一个CEO（首席执行官）最主要的是对机会说NO（不），如果对与雅虎合作这样的机会说NO那就太愚蠢了，我觉得这是一个非常难得的机会，不仅在中国少见，在全世界也是独一无二的机会，如果不抓住这样的机会，会终生遗憾，更何况这样的机会我等了七年，我蓄谋已久了，杨志远也盼望了七年，这次合作将实现双方长期的夙愿。"

其实，马云之所以看重雅虎，是因为他看重雅虎的搜索技术，他认为，全世界的电子商务离不开搜索引擎，全世界的搜索引擎也离不开中国的搜索引擎。因此，在搜索引擎上全力投入是阿里巴巴未来发展的一个重点，而雅虎在搜索方面的人才、技术都是非常难得的，并购了雅虎，阿里巴巴在搜索上的发展将如虎添翼。

机会是稍纵即逝的，该出手时就大胆出手。在当时的收购环境下，阿里巴巴收购雅虎面临着不少难题，首先，美国的政治审核非常严格，达成收购需跨过美国"国家安全"门槛。其次，雅虎内部董事之间存在不同派系的斗争，这或许会成为达成协议的阻力。另外，并购涉及将近200亿美元，钱也是一个问题。最后，微软、银湖、DST等机构也表示出了收购意向，阿里巴巴如何胜出也是一个问题。

经过一番交涉和斡旋后，虽然困难重重，但是阿里巴巴与雅虎还是达成了收购意向，马云用实际行动向世界证明了，自己有敢于和高手过招儿的能力，自己能快、狠、准地出手抓住机会。

任何时候，困难都和机遇同在，当困难过去，也就意味着机遇要降临。因此，遇到困难，不要选择放弃，放弃了困难，就是放弃了机遇。挫折就是阶梯，挫折就是机遇，挫折就是成功的开始。这个世上确有不少被埋没的人，但是，对于一个优秀的人来讲，不管他处在何种逆境之下，也一定可以取得某种程度的成功。不管遭遇多大的困难，他们也绝不会沮丧，纵使遭受再大的挫折，也能重新站起，勇往直前。

由于经济萧条，开着一家小型干洗店的丹尼夫妇生活十分拮据。丹尼想赚钱贴补家用，但既没上过大学，也没有特殊才能，实在不知道做什么。这时她突然想到高中的英文老师，那时她鼓励丹尼往新闻报道方面发展，并指派丹尼担任校刊的编辑，丹尼自忖：“我可以为本地小型周报写《购物指南》这类专栏，赚些稿费偿付贷款。”

丹尼来到一家报社，在说明来意后，报社的负责人对她摇摇头说：“抱歉，经济不景气。”情急之下，丹尼想出个好主意，刊登《购物指南》，自己负责找广告商。这虽然是一个不错的主意，但报社负责人却劝她别抱太大希望，因为可能找上一星期也不会有什么下文。

只要有机会就可以，丹尼不害怕困难，她努力去争取广告商。她的做法果真奏效，她用这份收入不但偿还了贷款，同时还买下了鲍比为她找到的二手车。由于工作量增加，丹尼请了一位高中女孩来照顾小孩，时间是每天下午3点至5点，3点一到，她便抓起报纸，匆匆忙忙出门会见客户。

如果一直这样下去，丹尼夫妇的生活很快便可达到小康。但是，天有不测风云，一天，丹尼到客户的店里收取广告方案时，却一一遭到拒绝。原来他们发现瑞塞尔药局的老板卢宾·阿尔曼先生并没有在丹尼的专栏上刊登广告，他的店是本地生意最好的，如果他不肯选择丹尼的刊物，那表示丹尼的广告效果大概不理想。

客户的拒绝对丹尼的打击很大，因为她以前拜访过阿尔曼先生多次，他总是以“外出”或“没时间”等理由拒绝见她。丹尼不能放弃，她的房屋贷款全靠这几个广告客户。丹尼咬了咬牙，决定接受这次挑战，再去找阿尔曼先生谈谈，他是个德高望重的好人，或许会给她一个机会。如果他肯跟丹尼合作，那么其他的客户自然也会跟进。

丹尼怀着沉重的心情走进阿尔曼先生的药局。阿尔曼先生在柜台后面忙碌着。丹尼脸上堆满笑容，手上拿着刊有《购物指南》的报纸，开门见山地向他表明来意："您的意见一向很受重视，可否请您抽个空儿，看看我的作品，给我一些指教！"

阿尔曼先生毫无所动，勉强听丹尼说完，嘴角立刻往下拉，坚决地摆着手说："不必了。"看着他斩钉截铁的表情，丹尼的心像是瓶子摔在地上一般粉碎了，不知怎样收拾才好。一切的希望都破灭了。

丹尼感到沮丧极了，她疲倦地在药局前面的红木小吧台前坐了下来，这是一个满头白发的慈祥的老妇人开的。丹尼不好意思白坐，她掏出身上最后一枚硬币，买了一杯可乐。她要慢慢厘清头绪，对于这个客户她一定要争取。

这时耳边传来一个温柔的声音："夫人，您有什么心事吗?"丹尼抬起头来，是那个老妇人，她正慈祥地看着她，丹尼摇了摇头。那个老妇人说："不要悲伤，无论你遇到什么困难，总有办法解决的。"丹尼感觉到一阵温暖，忽然她对老妇人说："我可以免费为您在杂志上做广告。"

"为什么?"

"只因为这句话，谢谢您的鼓励，一切都会过去的。"丹尼一下子充满了力量，这一刻，她决定继续努力，一定要攻克这道难关。

老妇人接过丹尼递来的那篇《购物指南》，仔细阅读了一遍，看完后，她从椅子上站了起来，对着柜台那边，中气十足地喊了一声："卢宾，过来一下！"丹尼惊异地看着事态的发展，这个老妇人喊的人就是阿尔曼先生，她要阿尔曼先生在丹尼的专栏上刊登广告。原来，她就是阿尔曼太太。问题就这样轻而易举地解决了。

小吧台旁的那番谈话改变了丹尼后来的境况，她的广告事业越做越大，后来扩大到4家分公司，雇有员工285人，负责的广告方案多达4000个。前一阵儿，阿尔曼先生装修店面，撤走了那个小吧台。丹尼的丈夫把吧台买来，摆在丹尼的办公室里。每当有客人光临，丹尼总爱请他们到小吧台旁坐坐，招待他们喝杯可乐，然后提醒他们千万别放弃，机会可能就站在我们身边。

所有的失败并不意味着都是坏事，人们需要失败来锻炼自己的能力，同时，也需要失败来转换自己的思维视角，只要你不放弃，机遇总会被你发现，无论它躲得多么隐秘。

困难的存在，就意味着机遇即将诞生。

抓不住机遇的人，给你一百次机会也没用

“一个行业注意它的人越少，它就越有发展的前景。别人不注意它，你注意了，你就是有眼光的。”

——马云

一个具有敏锐洞察力的人，他总是会留意身边的事情，哪怕是一些小事，也不愿意放过。他们往往能够通过这样的小事，看到其中的不凡之处，通过进一步的深入思考，取得一些成功，享受一些意外的幸福。

日常生活中，会有各种各样的事发生，有些事平淡无奇，有些事则能使人大吃一惊。一般而言，对于那些使人大吃一惊的事，人们倍加关注，而那些平淡无奇的事，往往被人们所忽视，但它却可能包含更大、更重要的意义。

在马云创业之初，“二八定律”刚从美国传入中国，风靡一时，20%的大企业掌握着80%的财富，服务好这20%的大企业就掌控了财富线，大家对这个理念都深信不疑。可马云偏偏反其道而行之，瞄准了80%的中小企业。

“如果把企业也分成富人穷人，那么互联网就是穷人的世界。因为大企业有自己专门的信息渠道，有巨额广告费，小企业什么都没有，他们才是最需要互联网的人。而我就是要领导穷人起来闹革命，为小企业谋生存，求发展。”一开始，马云对阿里巴巴的定位就是通过互联网提供一个平台，将全球中小企业的进出口信息汇集起来，让中小企业能走向世界。

马云生长在中小企业发达的浙江，他从最底层的市场摸爬滚打过来，深知中小企业的困境。马云说：“像沃尔玛这样的大型采购商，曾灭掉了许多中小企业采购商。例如市场上一支钢笔订购价是15美元，沃尔玛开出8美元，但是1000万美元的订单，供应商不得不做。但如果第二年沃尔玛取消订单，这个供应商就完了。而通过互联网，这个小供应商就可以在全球范围内寻找客户，悲剧即可避免。由于阿里巴巴的出现，现在大部分中小企业采购商和销售商都已经把生意做到世界各地。因此，我认为世界已经改变了。我坚信小的就是好的。”

专注中小企业，为中小企业服务，这在当时确实不啻为一种革命性口号。阿里巴巴创立的头几年，企业聚集得越来越多，可就是不见盈利，很多人为马云捏着一把冷汗，马云却坚信，阿里巴巴的未来一定会有无限光明，“在现在的经济世界，大企业是鲸鱼，大企业靠吃虾米为生。而虾米又以吃鲸鱼的剩餐为生，互相依赖。而互联网的世界则是个性化独立的世界，小企业通过互联网组成独立的世界，这才是互联网真正革命性的所在。小企业好比沙滩上一颗颗石子，但通过互联网可以把一颗颗石子全粘起来，用混凝土粘起来的石子们威力无穷，完全可以与大石头抗衡。”

比尔·盖茨宣布退休时，有人问他：“你认为下一个比尔·盖茨是谁？”他毫不犹豫地回答：“是马云。”比尔·盖茨把马云看成是自己的接班人。互联网浪潮潮起潮落，很多曾经的“数字英雄”已经成了陈年往事，唯有马云这个英语教师出身，自称对互联网一窍不通的人屹立不倒，甚至越发挺拔，原因何在？这是因为作为“中国中小企业教父”的他，背后站立着太多太多的拥护者。“这个世界谁不关注中小企业，谁就不在关注自己的未来。中小企业如果不能发展，大企业就更不能发展。”如今，没有谁再敢质疑马云的这句话了。

机遇是指能促进事业获得成功的偶然的或一闪即逝的现象、先兆或时机。生活中，人们经常遇到一些很小的不方便，如果在此基础上进行一些小改动或小发明，就可能成为赚钱发财的好机遇。可为什么这种人人都会遇到的小麻烦，却只被少数人抓住了、发了财呢？这就是是否善于发现机遇的问题了。

1973年，年仅15岁的格林伍德收到别人送给他的圣诞礼物——一双冰鞋，他非常高兴，因为他一直渴望滑冰。这个愿望终于实现了。

拿到这件礼物后，格林伍德马上就跑出屋子，到离家很近的冰河上去溜冰。可能是他初次溜冰的原因，他感觉天气太冷了，一溜冰，耳朵被风吹得像刀子割般发疼。他戴上了皮帽子，把头和腮帮子捂得严严实实，结果时间长了，又闷又热直流汗。

格林伍德想，应该做一件能专门捂住耳朵的东西。他终于琢磨出一个大概的样子，回家后让妈妈照他的意思缝了一双棉耳套。

格林伍德戴上棉耳套去溜冰，果然起到了保暖作用。一些朋友看见，都向他要。格林伍德和妈妈商量了以后，把祖母请来，一起做耳套。经过几次修改，耳套做得更实用、更美观了。格林伍德把它叫作“绿林好汉式耳套”，并且向美国专利局申请了专利，格林伍德因为这项专利，成了千万富翁。

如果把这种生活中司空见惯的东西换个角度去看、去想，往往会发现其中隐藏的许多机遇。机遇是那样广泛地存在着，它又是那样的公平与客观。当你失去机遇时，你不能怪谁，只能怪自己。它一直在那儿，你却没发现，别人发现了，那是因为他脑筋转得快。机遇是从来不会主动投怀送抱的。

罗忠福也是在一次偶然的机遇中成为“沙发大王”的。那时，正准备新婚的罗忠福正为跑遍全遵义市买不到一只沙发而发愁，但是，他在一次偶然的机会发现了废旧汽车里的软车座构造与沙发相似，而他了解沙发的制作原理，也不过就是坐垫下有几个弹簧而已，这对于钳工罗忠福来说，做一只沙发是轻而易举的事。

妻子对新房里自制的沙发称赞不已，这触发了罗忠福的灵机，我何不办个家具厂呢？经过市场调查，罗忠福发现，遵义乃至全国都有巨大的沙发潜在市场。说干就干，罗忠福办起了第一家属于自己的工厂。工厂一开始就红红火火，几百套沙发刚做成就销售一空。1979年，他居然还在中央电视台打了家具广告，一代“沙发大王”就此诞生了。

谁也不可否认，知道沙发下面是弹簧又有能力自己做的人在全国绝不是少数，也许已经有人自制过沙发。可见，这个沙发潜在市场的机遇对大家来说是客观平等的。罗忠福脑子比别人领先了一步，不但自己做沙发，还意识到了机遇就在眼前。所以，这个客观平等的机遇也很公平地被罗忠福发现了。

马云说，捕捉机遇一定要处处留心，独具慧眼。其实只要你仔细留心身边的每一件小事，这每一件小事当中都可能蕴藏着相当的机会，成功的人绝不会放过每一件小事。他们对任何事情都极其敏感，能够从许多平凡的生活事件中发现很多成功的机遇。

人们也许根本不会想到，风靡全世界，曾影响几代人生活的牛仔裤竟是一个名叫李维·施特劳斯的小商贩发明的，他制造的第一条牛仔裤竟然是美国西部淘金工人的工装裤。

19世纪50年代，李维·施特劳斯和千千万万年轻人一同经历了美国历史上那次震撼人心的西部移民运动。这场运动不是由政府发动，而是源于一则令人惊喜的消息：美国西部发现了大片金矿。

消息一经传出，美国立即刮起一股向西部移民的旋风。满怀发财梦的人们，携家带口纷纷拥向通往金矿的路途，拥向那曾经是荒凉一片、人迹罕至的不毛之地。

于是，在通往旧金山的道路上，高篷马车首尾相接，滚滚人流络绎不绝，景象分外壮观。李维·施特劳斯同样也经不起黄金的诱惑，毅然放弃他早已厌倦的文职工作，加入到汹涌的淘金大潮中。一到旧金山，李维·施特劳斯立刻被眼前的景象震住了：

一望无际的帐篷，多如蚁群的淘金者……他的发财梦顿时被惊醒了一半。

难道要像他们一样忙忙碌碌而无所收获吗？

不能！李维·施特劳斯坚定地说服自己不能知难而退，而要留下来干一番事业。也许是犹太人血液里天生的经商天分在李维·施特劳斯的身上起了作用，他决定放弃从沙土里淘金，而是从淘金工人身上淘金。

主意已定，李维·施特劳斯用完身上所有的钱物，开办了一家专门针对淘金工人销售日用百货的小商店。李维·施特劳斯这一独具慧眼的决定，为他今后发财致富奠定了良好基础。

小商店开业以后，生意十分兴旺，日用百货的销售量很大。李维·施特劳斯整日忙着进货和销货，十分辛苦，但利润也十分丰厚。渐渐地，李维·施特劳斯有了一笔积蓄，在同行小商贩中，他因吃苦耐劳和善于经营而有了小名气，商店的生意越做越好。为了获取更大的利润，李维·施特劳斯开始频繁外出拓展业务。

一天，他看见淘金者用来搭帐篷和马车篷的帆布很畅销，于是乘船购置了一大批帆布准备运回淘金工地出售。在船上，许多人都认识他，他捎带的小商品还没运下船就被抢购一空，但帆布却丝毫没有人问津。

船到码头，卸下货物之后，李维·施特劳斯就开始高声叫喊推销他的帆布。他看见一名淘金工人迎面走来，并注意看他的帆布，于是赶紧迎上去拉住他，热情地询问："您是不是要买一些帆布搭帐篷?"

淘金工人摇摇头说："我不需要再建一个帐篷。"

他看着李维·施特劳斯失望的表情，接着又说："您为什么不带些裤子来呢?"

"裤子？为什么要带裤子来?"李维·施特劳斯惊奇地问道。

"不耐穿的裤子对挖金矿的人一钱不值，"这位金矿工人继续说道，"现在矿工们所穿的裤子都是棉布做的，穿不了几天很快就磨破了。"他话锋一转又说道："如果用这些帆布来做裤子，既结实又耐磨，说不定会大受欢迎。"

乍听到这番话，李维·施特劳斯以为对方是在开玩笑，但转念仔细一想，这话却是很有道理，何不试一试呢?

于是，李维·施特劳斯便领着这位淘金工人来到裁缝店，用帆布为他做了一条样式很别致的工装裤。这位矿工穿上结实的帆布工装裤高兴万分，他逢人就讲他的这条李维氏裤子。消息传开后，人们纷纷前来询问，李维·施特劳斯当机立断，把剩余的帐篷布全部做成工装裤，结果这些工装裤很快就被抢购一空。

1850年，世界上第一条牛仔裤就这样在李维·施特劳斯手中诞生了，它很快风靡起来，同时也为李维·施特劳斯带来了巨大的财富。

没错，机遇有时是一种偶然现象，但偶然的背后隐藏着它的必然性，这是机遇产生的原因。

偶然性和必然性就像一对矛盾体，它们是相互联系、相互渗透、相互作用的。在人的一生中，我们总会碰到很多偶然性的机遇，但是，假如当时没有对周围的事情感兴趣，没有细心地观察、持久地思索，那么，机遇即使降临了，你也不会知道，更不可能抓住机遇。所以，要培养自己的观察力，要时刻留意周围的事物，哪怕是不起眼的小事，也要仔细观察，深入思考。

要善于点住机遇的“穴道”

“每个人成功的机会都是相等的，只不过那些具备胆识、勇于挑战的人比平常人善于把握罢了。有很多人是在别人的不认可甚至是鄙夷中获得成功的。要想获得成功，我们就得打破常规，敢于走别人从未走过的路。虽然看起来有点儿危险，但成功往往就躲藏在危险的后面。”

——马云

2007年12月，一则互联网界的传闻不胫而走：马云的阿里妈妈公司有可能被并入阿里巴巴上市公司。受此消息影响，当天阿里巴巴在港交所的股价逆市中竟然涨了9%，一度逼近35港元。

阿里妈妈究竟是什么呢？它又是从何而来的？2007年8月12日，阿里妈妈开始上线运营。也许阿里妈妈对同行业的竞争者来讲是一个强有力的搅局者，但对广大个人网站和博客来说，它却是一个“救世主”。

“听说过捕龙虾致富的，没听说过捕鲸致富的。”这是马云从最开始一直信奉的一个真理，在2007年，马云又开始撒网，准备捞钱大赚一笔，他把这个真理发扬光大，如法炮制到阿里妈妈身上。我们若是读懂了马云的这种思想，也就很容易理解阿里妈妈的“原则”了。其实从全世界范围来看，互联网广告投放这个行业一直遵循的都是这个原则。

马云对他的阿里妈妈有独特见解，他的下属曾经这样说过：“马云的广告理念非常独特，他认为阿里妈妈就是一个广告位的超市。也许每个广告主都会有自己的预算，都会有选择广告媒体的需求。很多小公司选择网络广告进行推广是很划算的，因为他们没有实力去寻求专业广告公司的支持。同样，海量的个人网站、小流量网站也在寻求让自身活下去的资金来源，他们想把自己的广告位换成钱，阿里妈妈就干这个。其实，广告位怎么卖阿里妈妈根本不管，全部由买卖双方协商达成，阿里妈妈只从中收取8%的佣金就行。”

在阿里妈妈成立的那天，马云就公开了其网站的使命，也就是“让天下没有难做的广告”。在公司宣传片中，阿里妈妈更是打出了“再少的钱也能结算”和“再小的网站也能卖广告”等口号。

在这期间，马云更是首次引入“广告是商品”这个概念，他让广告成功实现无界，让广告第一次作为商品呈现在市场中。在这个市场中，买卖双方都可以清楚地看到对方，实现真正的广告市场自由。马云这一举动前无古人，这是其他互联网广告公司都未敢迈出的一步，可他却直接大踏步地走。在旁人胆怯的时候，马云依旧勇敢前进。

2007年11月，马云宣布第二年将在阿里妈妈的广告联盟中投入5000万元的预算资金，还宣布其网络广告位都将从阿里妈妈的“广告市场”中自由选择。很快，携程网、当当网、中信银行等公司也相继宣布，他们已经开始与阿里妈妈洽谈广告合作业务。

业内人士甚至这样评价马云，他们说：“马云是通吃中小企业的一切需求，从生产、销售、推广甚至企业管理，阿里巴巴都想做，并且都已经开始做了。阿里巴巴就像是一只章鱼，通过不同的触角抓到不同层次的客户需求，同时通过一个有效的平台把这些原本具备不同需求的用户整合到一起，向他们推广自己其他的服务。”

马云的阿里妈妈成功了，他在阿里巴巴集团打通了一条既具备拓展空间，又节省成本的业务。马云是胆大心细的，他在旁人不敢触及的领域勇敢前进，在别人胆怯的时候依旧非常果敢，这显然也是他成功的一个秘诀。生活中每个人都有成功的可能，也都有属于自己的人生之路，而那些稍纵即逝的机会便是我们通往成功的垫脚石，我们能否在别人胆怯甚至是犹豫不决时果断出击，这取决于我们的心态，也决定了我们以后是否能成功。

阿曼德·哈默是美国一位成功的冒险家、企业家。在人们向哈默请教获得财富的秘诀时，哈默总是摇摇头，反问一句：“你敢冒险吗?”而有一段关于他的故事，更是可以让你看出冒险对于机会的重要性。

在一次晚会上，又有人请教哈默成功的秘诀。哈默皱皱眉头说：“实际上，这没有什么。你只要等待俄国爆发革命就行了。到时候打点好你的棉衣尽管去，一到了那儿，你就到政府各贸易部转一圈，又买又卖，这些部门大概不少于两三百个呢……”

在别人看来，哈默的话对请教者显得很不尊重。然而事实上这正是20世纪20年代，哈默在苏联13次做生意的精辟概括。

当时，哈默还是一名医生。那时的苏联经历了内战与灾荒。哈默本可以选择坐在医院里安稳地度过一生，可是哈默在战乱中看到了商机。于是他做出了一般人认为是发了疯的抉择：踏上了被西方描述成地狱的可怕的苏联。

当时，苏联被内战、外国军事干涉和封锁弄得经济萧条，人民生活十分困窘；霍乱、斑疹、伤寒等传染病以及饥荒，严重地威胁着人们的生命。列宁领导的苏维埃政权采取了重大的决策——新经济政策，鼓励吸引外资，重建苏联经济。但很多西方人士对苏联充满偏见和仇视，把苏维埃政权看作可怕的怪物。到苏联经商、投资、办企业，被称作是“到月球去探险”。

哈默心里当然也知道这一点，但风险大，利润必然也大，值得去冒险。于是哈默在饱尝大西洋航行中晕船之苦和英国秘密警察纠缠的烦恼之后，终于乘火车进入苏联。沿途景象惨不忍睹：霍乱、伤寒等传染病流行，城市和乡村到处都有无人收殓的尸体，专吃腐尸烂肉的飞禽，在人们的头顶上盘旋。哈默痛苦地闭上眼睛，但商人精明的头脑告诉他，被灾荒困扰着的苏联目前最急需的是粮食。他又想到这时美国粮食大丰收，价格早已惨跌到每蒲式耳一美元。农民宁肯把粮食烧掉，也不愿以这样的低价送到市场上出售。而苏联这里却拥有美国需要的，可以交换粮食的毛皮、白金、绿宝石。如果双方能够交换，岂不两全其美？从一次苏维埃紧急会议上，哈默获悉，苏联需要大约100万蒲式耳的小麦才能使乌拉尔山区的饥民渡过灾荒。机不可失，哈默立刻向苏联官员建议，从美国运来粮食换取苏联的货物。双方很快达成协议，并且初战告捷。

没隔多久，哈默成为第一个在苏联经营租让企业的美国人。此后，列宁给了他更大的特权，让他负责苏联对美贸易的代理商，哈默成为美国福特汽车公司、美国橡胶公司、艾利斯-查尔斯机械设备公司等30多家公司在苏联的总代表。生意越做越大，他的收益也越来越多，仅仅他在莫斯科银行里的存款数额就非常惊人。

第一次冒险使哈默尝到了巨大的甜头。于是，“只要值得，不惜血本也要冒险”，成为了哈默做生意的最大特色。

“幸运喜欢光临勇敢的人。”这是西方一条有名的谚语。它向我们说明了冒险与机会是紧密相连的。冒险是表现在人身上的一种勇气和魄力，险中有夷，危中有利。倘若要创造惊人的战绩，就应该敢于冒险。

你敢或不敢，机会就在那里。每一个人，都应该成为自己命运的设计师，都应该对生活承担责任。上天是公平的，只有付出才有回报，只有进行勇敢的尝试，机会才有可能来敲你的门。如果没有把握机遇的意识，你只能在消极的生活中“熬”过一天又一天，直到自己老去。

第四章

给怯懦多一点鼓舞，境遇靠行动改变

马云：“爷爷跟年轻人讲，这个事情不能干，那个事情干了不行的。年轻人想，你老头子不行，不等于我不行。四五十年过去之后，他发现爷爷讲的真有道理，他又跟自己的孙子讲，你这样不行的，就这么循环。”

一百次的心动，不如一次行动

“我看见很多游学的年轻人是晚上想千条路，早上起来走原路。”

——马云

很多人都喜欢幻想，一有空闲就会对生活做一番设想：我想当明星，我想创业，我想成为一个科学家，我想要写作……我们可能每天都活在梦想之中，每天都在为自己以后的生活想路子，可是想过之后，很多人并不去付诸实施，仍旧走自己的老路子。俗话说，说得容易，做起来难。空口说谁都会，而且往往一个比一个说得漂亮，但是真要行动起来却很难，所以我们往往是梦想的巨人，行动的矮子。

也许很多人会说，我没有钱，我没有足够的人脉关系，我没有一个好的合作伙伴，可事实上这些都只是借口。一个人如果真的有想法，就一定可以克服千难万险，想办法克服自身的短板和不足。唐僧西天取经时，一开始也是什么都没有，他也害怕路途艰险，也担心妖怪横行，担心有去无回，可是最终他还是想办法取回了经书。如果一个人一开始就在各种困难面前怯懦了，那么必定什么也干不成，而且你想要等到条件全部满足了再去做的话，估计别人早就抢先一步了。

当初，马云和他的伙伴们把各自口袋里的钱掏出来，凑了50万元，开始创办阿里巴巴网站。当然，一定要让别人首先知道阿里巴巴，他是这样想的，也是这样做的。

1999—2000年，马云不断实施着一个战略行动。他成为了“空中飞人”，不停地往返于世界的每一个角落，几乎参加了全球各地尤其是经济发达国家的所有商业论坛，去发表疯狂的演讲，用他那张天才的嘴宣传他的B2B思想，宣传阿里巴巴。

他如同一台不知停歇的机器，一台演讲机器。有时一个月内可以去三趟欧洲，甚至一周内跑七个国家。他每到一地，总是不停地演讲，这个瘦弱的男人大声地对台下的听众喊道：“B2B模式最终将改变全球几千万商人的生意方式，从而改变全球几十亿人的生活！”

很快，马云和阿里巴巴在欧美名声日隆，来自国外的点击率和会员呈暴增之势！马云和阿里巴巴的名字就这样被《福布斯》和《财富》这样的重量级财经媒体所关注。于是，2000年以高盛为首的多家公司，向阿里巴巴投入了500万美元风险资金，软银老总孙正义给了马云2000万美元的投资。

一些人总会在别人靠一个新鲜的点子成功后，一拍大腿：“哎哟，这不就是我当初的想法吗?”一副后悔莫及的样子。

是的，大部分想创业的人都是一样，晚上想千条路，早上起来走原路。他们比马云聪明多了，能想出非常多的创业好点子来，但是他们从来没有执行过。因为他们有着太多的借口和理由。于是，他们继续过他们平庸的生活。

你要做的是：想到了，马上就去做！像马云那样，只要你付出所有的努力，世界上就没有你做不到的事情！其实成功之门随时为你敞开，走出第一步的时候，你便和马云在一条路上了。

一个伟大的想法不仅需要一个伟大的构思，还应该有一个伟大的执行计划。想法并不是真正决定你能走多远的主要因素，一个人想要达到某种程度，想要成为某种人，并不是仅仅做梦就能实现的。任何事情的成功都建立在行动上，梦想能够给我们指路，但是唯有行动才能真正决定一切。我们常常说一个人的心有多大，人生的舞台就有多大。可是如果不去行动，不去尝试着将梦想变成现实，那么再大的舞台也只能在梦里出现。

2008年，麦当劳已在全世界121个国家和地区开设了3万多家分店，年营业额235亿美元，被称为“麦当劳帝国”。它能有如今的成功，完全有赖于创始人雷蒙·克罗克遵循的“一旦决定了就赶快行动”的准则。

美国的麦当劳餐厅在创办初期只是一家经营汉堡包的小店，麦当劳兄弟把汉堡包做得非常好吃，生意非常红火。然而，随着规模越做越大，小店的管理却越来越乱。

1954年的一天，雷蒙·克罗克驾车去一个叫作圣贝纳迪诺的地方。他看到许多人在一个简陋的餐馆前排队，于是也停下车走了过去。

雷蒙·克罗克看到人们买了一袋袋的汉堡包，纷纷满足地笑着回到自己的汽车里，他很好奇，于是上前看个究竟，原来那是一家经营汉堡包和炸薯条的快餐店，生意非常红火。

当时的雷蒙·克罗克已52岁了，还只是一个纸杯和混拌机的推销商，并没有自己的企业，他一直在寻找事业的突破口。他知道，快节奏的生活方式就要到来，这种快餐的经营方式代表着时代的方向，大有可为。于是他毅然决定经营快餐店。雷蒙·克罗克马上与麦当劳兄弟洽谈。由于麦当劳兄弟的管理模式很乱，他们非常愿意支持克罗克成为麦当劳在全美唯一的特许经营代理商。1955年，雷蒙·克罗克成立特许经营公司——麦当劳公司。

雷蒙·克罗克搞快餐业的决策遭到了家人及朋友的一致反对，他们都说：“你疯了，都50多岁了还去冒险？”

雷蒙·克罗克觉得决定大事时，应该考虑周全，可一旦决定了，就要一往无前、赶快去做。行与不行，结果会说明一切，最重要的是行动。

谈下特许经营代理权之后，雷蒙·克罗克马上投资筹建他的第一家麦当劳快餐店，经过几十年的发展，雷蒙·克罗克取得了巨大的成功。人们把他与名震一时的石油大王洛克菲勒、汽车大王福特、钢铁大王卡内基相提并论。

只要有了梦想，我们就应该行动，而且应该马上行动。恩格斯说，判断一个人当然不是看他的声明，而是看他的行动，不是看他自称如何如何，而是看他做些什么和实际上是怎样一个人。可以说，行动决定了我们自身的价值。美国前总统肯尼迪则说，最大的危险就是无所行动。他认为一个人如果没有实际行动，就会在生活中坐以待毙。而法国思想家伏尔泰也说，人生来是为行动的，就像火总是向上腾，石头总是向下落。对人来说，一无行动就等于他并不存在。可以说，行动力是衡量一个人能否成功的重要标准，是我们得以存在并展示自我的关键要素。

年轻人有梦想、有想法是难能可贵的，但是不要总是将自己包裹在梦想之中，而应该想办法将梦想拉到现实生活中来，要懂得将梦想和现实完美结合起来。梦想决定了你的方向，而行动决定了你能走多远。强大的行动力是每个年轻人最需要的品质，哪怕困难再多，阻碍再大，风险再高，也要有将梦想付诸实践的勇气。要知道这个世界上的每一条平坦的道路都不是想象出来的，而是人走出来的，它们原先也许不过是沟壑，是茂密的荆棘丛，是毒蛇猛兽横行的蛮荒地带，如果你害怕面对，那么就永远也无法走出一条路来。

一个人不管他的梦想有多么崇高远大，也不管它是多么卑微渺小，只要有梦，只要我们能够在现实中将梦想进行到底，那么每个人都会从中找到属于自己的成功，找到属于自己的幸福。

别让成功在“深思熟虑”中破产

“我当年学英语，没有想到后来英语帮了我大忙，所以做任何事情只要你喜欢，只要你认为是对的，就可以去做。如果你思考问题功利性很强的话，肯定会遇到麻烦的。”

——马云

英国著名诗人艾略特曾说过：“世上没有一个伟大的业绩是由事事都追求稳操胜券的犹豫不决者创造的。”无论做什么，考虑得差不多了，就去大胆行动，而不要等到所有条件都具备、准备得十全十美之后才去行动，敢想敢干才能把握住转瞬即逝的机会，得到最大的收益。

很多人都认为马云的成功在于他敏锐地发现了互联网时代的到来，他不过是提前登上了那条驶向黄金岛的大船。其实，他的成功不在于他如何敏锐，而在于他的闯劲儿。

马云现在以互联网精英而闻名，可他一开始却是对电脑一窍不通。1995年年初，他偶然去美国，首次接触到互联网。敏感的他意识到：互联网必将改变世界！随即，他的脑海里迸发出了一个不安分的想法：做一个帮所有企业收集资料、向全世界发布的网站！

一个远大的理想产生了，这是一个即将改变世界的理想，马云立刻向着它前进！他放弃了稳定的教师职业，毅然下海。

当时在中国互联网基本是少有人问津的。马云的家人强烈反对他的想法，认为这简直就不靠谱。可是马云坚持下来了，并且脚踏实地地去为理想而奋斗。

1995年4月，马云和妻子，再加上一个朋友，凑了两万元钱，专门给企业做主页，网站取名“中国黄页”。马云的先见之明为他带来了丰厚的利润。不到3年，他就轻轻松松赚了500万元利润，并在国内打开了市场，有了较高的知名度。

马云的成功不可谓不风光，可这都是他一步步走出来的，而不是空想出来的。也许有人会挑刺说，他赶上了好的机遇。可是当时知道互联网的人也不在少数吧？却只有他敢想，并且敢做。机遇只属于敢于梦想、敢于行动的人。他在确定了自己的理想后，就立刻放弃了原有的职业和不错的收入，马上投入到实现理想的实践中去。

你想得越多，顾虑就越多，什么都不想的时候反而能一往直前；你害怕得越多，困难就越多，什么都不怕的时候一切反而没那么难。别害怕别顾虑，想到就去做。这世界就是这样，当你不敢去实现梦想的时候，梦想会离你越来越远；当你勇敢地去追梦的时候，全世界都会来帮你。

安东尼·吉娜是目前纽约百老汇中最年轻、最负盛名的演员之一，她曾在美国著名的脱口秀节目《快乐说》中讲述了她的成功之路。

几年前，吉娜是大学里艺术团的歌剧演员。那时她就向人们展示了一个璀璨的梦想：大学毕业后先去欧洲旅游一年，然后要在百老汇当一名优秀的主角。

第二天，吉娜的心理学老师找到她，尖锐地问了一句：“你旅游后去百老汇跟毕业后就去有什么差别？”吉娜仔细一想：“是呀，赴欧旅游并不能帮我争取到百老汇的工作机会。”于是，吉娜决定一年以后就去百老汇闯荡。

这时，老师又冷不丁儿地问她：“你现在去跟一年以后去有什么不同?”吉娜有些眩晕了，想想那个金碧辉煌的舞台和那只在睡梦中萦绕不绝的红舞鞋，她情不自禁地说：“好，给我一个星期的时间准备一下，我就出发。”老师却步步紧逼：“所有的生活用品在百老汇都能买到，为什么非要等到下星期动身呢?”

吉娜终于说：“好，我明天就去。”老师赞许地点点头，说：“我马上帮你订好明天的机票。”

第二天，吉娜就飞赴全世界最巅峰的艺术殿堂——纽约百老汇。当时，百老汇的制片人正在酝酿一部经典剧目，几百名来自各国的演员前去应征主角。当时的应征步骤是，先挑选出十来个候选人，然后让他们按剧本的要求表演一段主角的念白。这意味着要经过百里挑一的艰苦角逐。

吉娜到了纽约后，并没有急于去美发店漂染头发和买靓衫，而是费尽周折从一个化妆师手里拿到了将排的剧本。这以后的两天中，吉娜闭门苦读，悄悄演练。初试那天，当其他应征者都按常规介绍着自己的表演经历时，吉娜却要求现场表演那个剧目的念白，最终以精心的准备出奇制胜。

就这样，吉娜来到纽约第三天，就顺利地进入了百老汇，穿上了她演艺人生中的第一只红舞鞋。

许多人在采取重大行动前，总是考虑得面面俱到。其实，在做决定之前，不必想太多，只需想两件事：一是这件事的价值是否是你需要的？二是这件事的最坏结果你是否能承担？只要确定有好处并能承担最坏结果，就可大胆决断。

在法国南部一个很小的城市里，住着一群人。他们从来没有离开过小城，他们一直都认为这个小城是最美丽、最富饶的地方。后来，有一位外地的客商路过小城，客商告诉他们：小城只不过是一个小得极不起眼的地方而已，小城之外还有很多地方比这个城市更美丽、更富饶。

听了客商的话，小城中的人们决定出去走一走，开开眼界。有了这个想法之后，他们决定在出发之前做一份周全的计划。他们根据客商的描述制订了一份内容详尽的计划。后来客商离开了小城，留给了他们一本有关旅行的书。根据这本书介绍的内容，他们感到最初制订的那份计划太不周全了，于是又加入了一些条款。

经过几次修改和完善，他们终于有了一份完整的出行计划，可还是不能立即出发，因为出行计划上罗列的许多东西他们还没有准备好。他们还要买地图，由于从来没有走出过小城，所以他们只能从外面来的一些商贩手中购买地图。终于有商贩来了，人们从商贩手中买了好几份地图，不过商贩告诉他们，如果想到更远的地方旅行，最好用地球仪，于是他们又等待卖地球仪的商贩进城。

就这样，他们等到了地球仪。在买了地球仪之后，他们发现还需要火车时刻表，在有了火车时刻表之后，他们又发现还需要指南针。在这些东西都准备好了之后，他们又觉得还需要一个行李箱，行李箱准备好了之后，又发现没有锁出门不安全，他们又找铁匠打了一把十分保险的锁……

等人们把一切都准备好之后，他们才发现自己早已年老力衰，根本没有足够的力气实施当年制订的计划了。况且他们当初的那份雄心壮志早已被时间消耗殆尽了，最后他们不得不老死在小城中。

空有计划而不付诸实践永远都不可能成功，就像故事中小城的人们一样，计划虽然天衣无缝，极尽完美，但是他们始终都不敢将计划付诸实践。这种前怕狼后怕虎的犹豫态度，最终也使得他们完美的计划付诸东流，没有任何的实际效果。

一个没有想法的人往往缺乏主见，但是一个想法太多的人，往往缺乏果断决策的能力，因为想法多了，问题也就多了，问题多了，决策能力也就下降了。

“如果你不去把这事情变成现实，那么什么都是浮云。如果你愿意从今天开始改变自己，一点一滴去做，那就不是浮云。”马云说，“我有时候很浪漫，想很多事，但我会问自己，愿不愿意现在立刻马上去干，如果我愿意，它就会变成真的东西。”

当自己有了某种迫切的愿望时，就要懂得去实现，而不要总是想来想去、犹豫不决。这个世界没有什么是完美的，也没有任何东西可以考虑周全。生活往往就是如此，很多时候，困难都是我们自己想象出来的，麻烦也是自找的，你想得越多，只会越烦恼，只会给自己平添很多不确定的因素，到最后只会白白消磨自己的信心和勇气。

有个企业家说：“有人说头脑简单不好，可很多时候，头脑简单的人更能办成事，因为他们不会胡思乱想，总是想好了就去做，这就是效率。”我们不要总是把问题想得太复杂了，做任何事情都要懂得化繁为简，从简单的思路出发，用简单的方式解决问题，越是简单的人，生活得越是轻松。

当然把问题想简单了，并不是要求我们不去分析和考虑，不是让我们盲目去做，而是说看准了主要方向就去做，想好了路子就不要再去多想，哪怕明知山有虎，也要偏向虎山行。其实无论做什么，肯定都会有一些不可预知的因素存在，总会有障碍和困难存在，但是我们不能因为这些障碍而畏畏缩缩，难下决定，那样只会束缚我们的行动，销蚀我们的意志力和决心。

多少年来，有一个细节很值得玩味，那就是马云几乎从来不做什么计划方案。据说他只是在早期给一家台湾投资公司写过一份商业计划书，用于风险评估，而对于自己的事业、对于阿里巴巴，马云从来没有什么计划。他不会千方百计地去做方案，去提出各种设想，去制订什么规划，也不会和员工们聚在一起没完没了地开会，没完没了地讨论。他就是一个纯粹的实干家，没有太多其他的想法。

马云实际上就是用一种最简单直接的方式来经营自己的事业，他没有太多的花花架子，不让那些烦琐的想法束缚自己的行动，他坚持的原则就是想了就去做，不要拖延，也不要轻易放弃。马云曾经没钱、没技术、不做计划，但仍成功了，其实这从侧面刚好反映出了一点：他敢想敢做。

对于年轻人来说，马云这种处世方式很值得借鉴，一个人无论做什么，都要抓住最初的感觉，然后以此信念坚持做下去，不要去想太多未知的东西，不要被潜在的困难所干扰。你简单地看待问题，才能把事情做得更为简单，才会有勇气和信心把工作做好。

你之所以没成功，是因为不够果敢

“淘宝创业永远都不会太迟，当你还在犹豫要不要做时，你又比别人晚一步了。”

——马云

有很多人问，世上最可悲的人是哪些人？这个问题其实很简单，他们就是优柔寡断的人。因为具有这种性格的人，他们对待任何事情都举棋不定、犹豫不决，这样不仅浪费了时间，而且还影响自我的判断，扰乱成功的步伐。

很多时候，我们常常会忍不住多想，会考虑自己的环境，考虑自身的实力，考虑是不是存在困难和危险，结果总是犹豫不决，拖拖拉拉，最终也下不了任何决定。但是机会是不等人的，犹豫的人会错失更多的发展机会，当你还在犹豫自己要不要出手时，别人已经抢到了更好的机会，别人已经领先一步了。

人们常说，早起的鸟儿有虫吃。而马云说过："如果早起的那只鸟没有吃到虫子，也许就会被其他的鸟吃掉。"有时候你比别人慢了一步，不仅仅是失去一次发展的机会，很可能会因此被别的对手消灭掉。这个世界就是弱肉强食，就是快鱼吃慢鱼，速度往往决定你能否生存下去。

改革开放以后，我国经济迅猛发展，各项国际业务开始如雨后春笋般兴起，杭州更是一片繁华景象。产业的增多造成了人才的稀缺，像马云这样英语水平高的人就成了"香饽饽"。

除在校教学之外，常有一些企业邀请马云做翻译，有时候，马云一天能接到多个邀请。由于自己忙不过来，马云想到了他的同事和朋友。马云的邀请得到了很多老师的拥护，他们非常高兴工作之余做兼职来贴补家用。

考虑到当时杭州有很多的外贸公司，需要大量专职或兼职的外语翻译人才，却还没有一家专业的翻译机构，不甘平淡的马云决定"敢为天下先"，要成立一家翻译社。

马云一有想法，马上行动。没钱，不是问题，他找了几个合作伙伴一起创业，风风火火地把杭州第一家专业的翻译机构成立起来了。

创业开始，也是举步维艰，第一个月，翻译社的全部收入才700元，而当时每个月的房租就是2400元。于是，好心的同事朋友就劝马云别瞎折腾了，连几个合作伙伴的信心都发生了动摇。但是马云没有想过放弃，为了维持翻译社的生存，马云开始贩卖内衣、礼品、医药等小商品，跟许许多多的业务员一样四处推销，吃了很多苦头。

整整三年，翻译社就靠着马云推销这些杂货来维持生存。1995年，翻译社才开始实现赢利。现在，海博翻译社已经成为杭州最大的专业翻译机构。虽然不能跟如今的阿里巴巴相提并论，但是海博翻译社在马云的创业经历中也画下了重重的一笔。

在这个世界上，想“走在前面”的人不少，但真正能够“走在前面”的人却不多。许多人之所以没能“走在前面”，就是因为他们把“走在前面”仅当成一种理想，而没有采取具体行动。那些最终“走在前面”的人，之所以能够成功，是因为他们不但有这个理想，更重要的是他们采取了行动！

马云就是那种一有想法就马上行动的人。阿里巴巴创立之初，马云有一句口头禅：“你们立刻，现在，马上去做！”立刻！现在！马上！由此可以看出，马云之所以成功，不在于他有一个聪明的头脑，不在于他有个恢宏的理想，而在于他能很快把头脑中刚形成的东西落实出来，执行出来。

要知道，每一个成功都离不开机会的“催化”，但是任何一个机会都是稍纵即逝的。因此，想要取得成功，就必须把握好这个关键时刻，一旦犹豫不决，机遇就会与你失之交臂，而你也就只能两手空空，一无所有。

机不可失，时不再来。这是任何人都明白的道理，机会往往稍纵即逝，有如昙花一现。如果当时不善加利用，错过好运之后就后悔莫及。成功学创始人拿破仑·希尔说过：“生活如同一盘棋，你的对手是时间，假如你行动前犹豫不决或拖延行动，你将因时间过长而痛失这盘棋，你的对手是不允许你犹豫不决的！”

英国利物浦市有一个叫科莱特的青年，1973年，他考入了美国哈佛大学。科莱特是一个极具才华的人，当时与他经常坐在一起听课的是一位18岁的美国小伙子。

在上到大学二年级的时候，有一天，这位小伙子跟科莱特商议，让他跟自己一起退学去创业，开发应用商务软件。科莱特对此感到非常惊诧，虽然小伙子所说的也一直是他自己的梦想，但是他认为自己是来求学的，而且他们对软件系统也不过是了解了一点皮毛而已，如果不以全部的大学课程为基础，想要自己开发软件简直是天方夜谭。因此，科莱特委婉地拒绝了那位小伙子的邀请。

经过十年刻苦的学习，科莱特成为哈佛大学计算机软件方面的博士研究生。而就在同一年，那位当初劝说科莱特一起退学的美国小伙子进入了《福布斯》杂志亿万富豪排行榜。

又过了几年，当科莱特继续他的博士后学习时，那位小伙子已经成为了美国的第二富豪，个人资产达到了65亿美元。

在1995年的时候，科莱特认为自己终于具备了足够的可以研发软件的学识了，而那位当初退学的小伙子已经绕过了科莱特所熟知的软件系统，他开发的系统软件已占领了全球市场，因为它要比之前的系统软件快1500倍。

这位美国小伙子因此成为了世界首富，他就是微软公司的创始人比尔·盖茨。

很多时候，我们无法实现自己的理想是因为我们总是在等待“万事俱备”的时机。

当一只脚陷入了“万事俱备再行动”的泥潭时，我们就会犹豫不决、顾虑重重，总是拿不定主意，时间就这么一分一秒地浪费掉了。其实世界上永远不可能有完美的事情，不可能有绝对完美的时机，如果我们凡事都要等到“万事俱备”后再开始行动，那么就永远不会有开始的可能。等待“万事俱备”会让你不能迅速、准确、及时地解决问题，到最后只会一无所成。

还记得那位发明电话的贝尔先生吗？实际上从史料来看，这位先生并非是第一位发明电话的人，至少如今越来越多的人怀疑这一点。这并非是对贝尔先生的不敬，但是事实就是如此，当年实际上还有一位科学家差不多在同一时间发明了电话，但是这位粗心的先生大概没有立即想到自己应该去申请专利，我们只能猜测也许是他太激动了，也许是他认为晚一两天也没什么事，或者是他觉得自己应该吃饱饭好好休养一下，再容光焕发地去申请专利。就是因为拖延，他失去了“电话之父”这样的头衔，而贝尔先生显然更加注意时间的重要性，他当天就去申请了专利。

两个人前后申请专利的时间相差了一天，而恰恰是这一天改变了电话发明专利的归属权，贝尔将自己的名字刻在了人类科技史上，而另外那个科学家则被人遗忘在了历史的角落。

其实像这样与成功失之交臂的事情并不在少数，很多人之所以没有像别人一样获得成功，不是因为能力不行，不是因为想法不够出色，重要的是执行力太差。你没有立即去行动，没有把握住时间，所以最后命运也和你开了个玩笑。但试想一下，命运会愿意和你开几次这样的玩笑？而你又开得起几次这样的玩笑呢？所以，凡事都不要拖延，要永远记得在第一时间展开行动。

巴菲特说："如果你想等到知更鸟报春，那么春天就快结束了。"很多成就一番事业的人，都是在条件并不是十分成熟时就直接对准了目标，开始行动。他们在行动的过程中不断地为自己创造机会，创造成功的可能性，逐步使得事情"万事俱备"，而不是单纯地等待。因此，想要做成一件事，在拿定主意后就要立即开始行动，"从现在做起"，这才是成功的关键。

马云是一个办事追求速度、行事果断的人，他并不期望自己总是能够成为第一个吃螃蟹的人，但是只要闻到了螃蟹的香味，他就会尽快成为那个吃螃蟹的人。所以对于马云来说，他的想法也许并不是最出众的、也不是最合理的，但往往是最具实效性的，他总能够将想法在第一时间付诸实施。

老实说，马云在杭州也许不是第一个想要创办翻译社的人，但是却切切实实地做成了杭州第一家翻译社；马云不是中国第一个接触互联网的人，但是却做成了中国第一个黄页。果断行动就是马云的法宝，他总是在和时间抢速度，总是在和时间抢机会，所以他比任何人都善于把握机会。中国当初不只是一个马云在构想电子商务，但是马云是少数建成了电子商务公司的人之一，而且他最终也成为行业中最出色的人，这就是因为马云从来不会在机会面前犹豫不决。他认定要做的事情，就是十匹马也拉不回来，这种一往直前的韧劲儿狠劲儿，这种绝对的果敢决绝为他赢得了更大的成功。

当别人都还在犹豫着要不要往前走时，马云已经迫不及待地往前跑了，这就是差别，造成这种差别的原因就在于中国人骨子里的保守和谨慎。马云曾经说过，中国有世界级的点子和创意，有世界级的富翁，但是却没有世界级的行动者和执行者。中国人总是期待着别人先去试验，因此浪费了太多的好机会。

因此，在机会面前千万不要优柔寡断，一个人要有决断力，想了就要去做，应该具备“如果想要去做，那么任何事情都阻拦不了我”的气势，只有这样，你才能够真正比别人做得更好。Facebook的创始人扎克伯格说：“我很庆幸的是那些比我最先想到好点子的人没有立即去动手。”可见，机会有时候真的是你让给别人的。

马上行动应该成为我们的座右铭，很多年轻人应该都还记得《大话西游》中至尊宝那番动人的表白：“曾经有一份真诚的爱情放在我面前，我没有珍惜，等我失去的时候，我才后悔莫及，人世间最痛苦的事莫过于此……”其实，世界上最遗憾的事情并不是你想要做成某件事却失败了，而是你想要做某件事却一直没有去做。人生不应该给自己留下这样的遗憾，不应该为自己制造出这样的遗憾，只要有了想法，有了追求，那么就要立即去行动，不要被其他外来因素干扰，这样你的生活才会真正不留遗憾。

要过河就要主动去摸石头

“有了理想、有了目标就要当机立断马上行动，只有行动才能证明一切!”

——马云

很多时候，我们在做某件事之前，喜欢用一堆理论来分析，但事实上理念多数没有多少实际参考价值，最后还是要靠结果说话，还是要靠数据说话，这样才能够给你最真实的答案。那么如何才能得到想要的结果呢？那就是要靠亲自去做去实践。通用公司总裁杰克·韦尔奇说："口头上的议论并没有多少实际意义，在衡量某个计划是否可行时，最简单的方法是去做这件事。"

马云就是一个现实世界的行动者，他从来都不掩饰对新事物的好奇，而且还敢于接触和尝试这些新事物。当初马云打造中国第一个黄页的时候，他对互联网一点儿也不懂，尽管意识到这是一个机会，但是他并不知道自己依靠互联网能够得到什么，也不知道自己能够做出什么样的成绩。但是他想要去试一下，因为只有尝试了他才会知道深浅，才会明白自己能够做出什么成果来。

可以说马云本身就是一个摸着石头过河的人，重要的是他主动去摸石头了，所以他能够知道河水有多深，知道自己能不能过去。马云在创立阿里巴巴的时候说过，要让阿里巴巴成为中国乃至世界最大的电子商务公司，要成为世界网站排名前十的公司，这其实只是马云的一个梦想。当时很多人都说他痴人说梦话，他当然也没有十足的把握说自己一定就可以完成这样的目标。这样的豪言壮语实际上显示了马云当时的心态，他也想要看一看阿里巴巴究竟能走多远，想要看看阿里巴巴能够取得什么样的成功。

正因为这种好奇心和自信，马云全身心地投入到工作中去，带领阿里巴巴一步步发展壮大起来。现在他完全有理由相信自己的实力，完全有信心将阿里巴巴推向全世界。马云多次承认自己从来也没有想过会有如今的成就，从没想过阿里巴巴会成就这样的规模和财富，也从来没想过自己会成为现在这样。由此可见，当初的马云也是茫然的，但是马云愿意去尝试，愿意去迎接挑战，他愿意去做，他想要知道自己能够做出什么成就。当其他人还在想我是不是能够取得成功的时候，他信心十足地说："原来我是一个成功人士。"

心理学家认为，梦想表现了我们对生活、对世界的好奇心。我们向往着能够像鸟一样飞翔，那是出于对飞行的好奇，所以现在有了飞机之类的飞行器；我们编造了嫦娥奔月的神话，就是想要了解月亮的情况，所以现在才有了人类漫步月球。我们的先人或许从来不知道有朝一日能够实现飞天梦想，可是如果没有人愿意去尝试，愿意去努力实现，那么就永远也不会知道自己能够在太空飞行，永远也不知道月球上究竟有什么。

当我们对生活有所期待的时候，就要懂得去践行自己的想法，只有去做了才能知道最终结果是什么，如果一直都认为自己做不到，就永远也找不到最终的答案。我们常常说实践出真知，一件事情是否可行，会产生怎样的结果，仅仅依靠猜测是不行的，它们需要在实践中去验证，只有自己去做了，才会了解一切。

哥伦布在求学期间曾经读到过一本毕达哥拉斯的著作，在这本书中，毕达哥拉斯说："地球是圆的。"哥伦布深深地记在了心里。

经过长时间的思考之后，哥伦布觉得地球如果是圆的，那么他通过向西航行也可以到达印度。很多有"常识"的哲学家和大学教授都嘲笑他的幼稚想法，他们告诉他："地球不是圆的，是平的。"进而警告他说，如果他一直向西航行，他的船只将行驶到地球边缘而掉下去。

然而，哥伦布却对大学教授和哲学家们的警告不以为然，依然非常自信。可惜的是，他家境贫困，没有钱去实现自己这个冒险的想法。他不得不到其他人那里寻求经济支持，但他一连等了17年都没有人愿意帮助他。他决定不再等下去，于是起程去见西班牙王后伊莎贝拉，沿途穷得竟以乞讨为生。王后赞赏他的理想，并答应赐给他船只，让他去从事这项冒险的事业。但是，水手们都怕死，没人愿意跟随他去，于是哥伦布鼓起勇气跑到海滨，拉住了几位水手，先是向他们哀求，接着是劝告，最后又用恫吓手段逼迫他们跟随自己出海。然后他又请求王后释放了狱中的死囚，允诺他们在冒险成功后，可以恢复自由。

1492年8月，当一切都准备妥当后，哥伦布率领3艘帆船，开始了一次划时代的航行。

不料出师不利，刚航行几天，他们的船队之中就有两艘船漏了，接着船队又在几百平方千米的海藻中陷入了进退两难的险境。哥伦布亲自下水拨开海藻，船队才得以继续航行。他们在浩瀚无垠的大西洋中航行了六七十天，看不见大陆的踪影，水手们都绝望了，他们要求返航，否则就要把哥伦布杀死。哥伦布兼用鼓励和高压的手段，才算说服了船员。在继续前进的过程中，哥伦布忽然看见有一群飞鸟向西南方向飞去，他立即命令船队改变航向，紧跟这群飞鸟。因为他知道海鸟总是飞向有食物和适于它们生活的地方，所以他预料附近可能有陆地。几天之后，哥伦布果然发现了美洲新大陆。

毅然上路的哥伦布最终成了英雄，从美洲带回了大量黄金珠宝，以新大陆的发现者名垂千古，这一切都是行动的结果。如果哥伦布一直等待下去，很可能一生都不会出发。

在中国的哲学命题中，有一个话题令人很感兴趣，那就是“山的另一边是什么”。这是很多人都会问的问题，尤其是小孩子。其实这是一个很好的社会命题，因为生活中有太多的人想要冲出大山，想要跑到山后面去看看未知的世界。那么山后面究竟会有什么呢？山后面也许还是山，也许有条河，也许是繁华的大千世界，也许是这个世界的边缘。每一个有梦的人都为山后面的景象做了很多设想，可是想要真正了解山后面的风景，最简单的办法就是上路，就是翻越眼前的山。

三个旅行者徒步穿越喜马拉雅山，他们一边走一边谈论一堂励志课上讲到的凡事必须付诸实践的重要性。他们谈得津津有味，以至于没有意识到天太晚了，等到饥饿时，才发现仅有的一点食物就是一块面包。

这几位旅行者决定不讨论谁该吃这块面包，他们要把这个问题交给老天来决定。这个晚上，他们在祈祷声中入睡，希望老天能发一个信号过来，指示谁能享用这份食物。

第二天早晨，三个人在太阳升起时醒来，又在一起谈开了。

“我做了一个梦，”第一个旅行者说，“梦中我到了一个从未去过的地方，享受了有生以来我一直孜孜以求而从未得到的难得的平静与和谐。在那个乐园里面，一个长着长长胡须的智者对我说：‘你是我选择的人，你从不追求快乐，总是否定一切，为了证明我对你的支持，我想让你去品尝这块面包。’”

“真奇怪，”第二个旅行者说，“在我的梦里，我看到了自己神圣的过去和光辉的未来。当我凝视这即将到来的美好时，一个智者出现在我面前，说：‘你比你的朋友更需要食物，因为你要领导许多人，需要力量和能量。’”

第三个旅行者说：“在我的梦里，我什么都没有看见，哪儿也没有去，也没有看见智者。但是，在夜晚的某个时候，我突然醒来，吃掉了这块面包。”

其他两位旅行者听后非常愤怒：“为什么你在做出这项自私的决定时不叫醒我们呢？”

“我怎么能做到？你们俩都走得那么远，找到了智者，又发现了如此神圣的东西。昨天我们还在讨论励志课上学到的‘要采取行动’的重要性呢。只是对我来说，老天的行动太快了，在我饿得要死时及时叫醒了我！”

生活中有太多的山，也有太多对山后面的遐想，但是往往缺少一个真正的攀登者，一个善于解开疑惑的人。想，是永远也无法准确给出答案的，只有行动才会告诉你生活的真相到底会是什么；只有行动了，你才不会有疑惑，也不会有遗憾。法国作家蒙田说：“想要知道路有多长，那么就去走上一遍。”

有些事只有去做了，你才会知道自己是不是能够做到；有些事只有去做了，你才知道适不适合自己去做；有些事只有去做了，才会了解真相是什么。对于每个人来说，想要了解自己能不能完成某项工作，最好的办法就是立即去尝试；想要弄清楚对方是不是喜欢自己，就要尝试着主动去接触；想要了解一件事会有什么后果，最好的方法就是在实践中等待结果的出现；想要了解事情背后隐藏着什么，就只能在实践中去挖掘真相。

如果想要了解生活能够为我们带来什么，我们就应该成为生活的实践者，就要懂得自己去摸索和体验，只有这样你才会对生活有更加系统、更加清醒的认识，你才会真正知道自己的极限在哪里，了解生活的魅力到底在何方。年轻人不要总是活在梦和遐想之中，这个世界的所有真理并不在我们的脑海里，而是握在我们手中，只有自己动手去做、去实践、去发现、去检验，才能够了解生活的真相。

年轻人要勇于探索，勇于实践，不论遇到什么情况，在下定论之前，都要懂得在实践中去检验。想要了解更多的东西，想要对生活有更深刻的理解，就要主动去探索和发现，只有做过了，经历过了，才能得出真正的答案。

计划再完美，也不如一流的执行

“孙正义和我有同一个观点，一个方案是一流的Idea（想法）加三流的实施；另外一个方案是一流的实施加三流的Idea，哪个好？我们俩同时选择一流的实施、三流的Idea。”

——马云

现实中，那些成功者之所以能有一番作为，是因为他们既可以制订出正确、完美的计划，又能对这些计划进行持续而有目的的实际行动，不折不扣地将它们执行下去。

因此，请记住，行动远比想法更重要。只有多一些行动才能多一些成功，如果我们想在工作中取得良好的表现，如果想在职场中脱颖而出，那么就先要培养自己高效的执行力。如此，任何的想法才不会是空中楼阁，任何的目的也才能够实现。

马云对阿里巴巴员工的执行力要求很严格，在阿里巴巴刚成立的时候，他就反复要求员工必须有很强的执行力。他的理由是：“工业时代的发展是人工的，而网络经济时代一切都是信息化的，难以预测。所以，阿里巴巴不是计划出来的，而是‘现在，立刻，马上’干出来的。”

在阿里巴巴创业初期，“现在，立刻，马上”一度是马云的口头禅。马云明白高效的执行力才能保障一个企业的成功，他在不同的场合反复强调，“有时去执行一个错误的决定总比优柔寡断或者没有决定要好得多，因为在执行过程中你可以有更多的时间和机会去发现并改正错误”。

在阿里巴巴成立之初，马云坚持的电子商务模式遭到了团队的反对，但在马云的坚持下，阿里巴巴的发展方向最终确定下来，并获得了有效的执行。事后，马云说：“我很少固执己见，1000件事里难得有一件。但是有些事，我拍了自己的脑袋，凡是自己觉得有道理的，我一定要坚持到底。”正是因为马云如此重视执行力，才使得阿里巴巴在互联网泡沫时期不仅坚持了下来，而且实现了赢利。

2005年，马云接受采访时，有记者问他：“为什么你能有今天，而同样聪明的中国电子商务先驱王峻涛却还在为创业而努力?”

马云说：“我在前面说，演讲、做宣传、造势，而我背后，有一帮人在实干，苦哈哈地卖力干；而王峻涛身后没有‘十八罗汉’。我说过了，有人做；他说过就是说过了，只是说过而已。”

企业发展孰优孰劣，过硬的执行力是首要条件。马云认为，企业要加快发展，要走在同行的前列，除了要有好的决策班子、好的发展战略、好的管理体制外，最重要的一点就是要有一个执行力很强的团队。

如果一个团队中人人都是精英，但执行力不行，那再好的创意、再好的机会，也不能令这家公司发展壮大起来。而如果一个团队中，即便人人都能力一般，但他们的执行力都很强，那就能形成很强的力量。

企业想要提高自身的竞争力，决策想要得到严格的执行，就一定要有一流的执行团队。从这个意义上来讲，执行力是企业成功的关键。

马云每年都会为阿里巴巴定下一个高目标，人们最初都不相信这些目标阿里巴巴能够完成，但就是凭着阿里巴巴员工一流的执行力，那些看似不可能完成的任务，最终都漂亮地完成了。这也就是马云团队为人称道的超强执行力。

有一件小事足以证明阿里巴巴团队执行力之强。2006年，阿里巴巴服务机房整体向市区大迁移，在一般人的思维模式中，搬家的过程中难免会遇到东西丢失或损坏的情况，但是在这次搬迁过程中，由于工作人员的高效合作，整个团队的责任感和执行力也非常强，没有发生任何意外。正是因为马云将他头脑中的东西不断落实出来、执行出来，才带动阿里巴巴整个团队具备了超强的执行力，也让这样一个在互联网行业平均资历并不是很高的团队，逐步走到了行业前端。

这个社会并不缺少好的想法，而是缺乏好的执行力，其实无论想法是好是坏，执行力才是最重要的。因为任何一项计划、任何一个方案，都需要付诸实践，如果执行得不好，那么再好的想法也不过是空谈。

某个教堂因为有很多老鼠，所以养了一只猫。这只猫特别能干，很会抓老鼠，于是老鼠的数量不断减少。后来，老鼠们只好天天躲在洞里，不敢轻易外出。无奈之下，老鼠大王组织召开了一次会议，紧急商讨怎样对付猫吃老鼠的问题。

老鼠们都很聪明，想到了很多独特的方法。有的老鼠建议研究一种毒药，悄悄放到猫的食物里；有的老鼠想出用黄油烫死猫的方法；还有的老鼠提议，一起出洞咬死猫……大家各抒己见，可是都不是上上策，都不能保证既消灭猫，又自保性命。

这时，一只号称最聪明的老鼠站起来，提议："猫的武功太高强，死打硬拼我们不是它的对手，不如用防。我们在猫的脖子上系个铃铛，这样，以后我们只要听到铃铛的声音，就知道猫来了赶快逃跑，我们就再也不用担心被猫抓到了！"

"好办法，好办法，真是个聪明的主意！"老鼠们欢呼雀跃起来，老鼠大王当即批准了这个方案，并宣布："咱们就按系铃的方案对付猫，现在开始落实。有谁愿意接受这个任务？请主动报名吧。"

等了好久，会场里一片寂静。接着，老老鼠们说："我们老眼昏花、腿脚不灵，最好找个身强体壮的。"而身强体壮的老鼠说："我们平时要给大家找食物，要是我们被抓去了，你们的处境不是更糟吗？还是找小老鼠吧，它们机灵，跑得快。"而小老鼠们则纷纷说："我们年轻，没有经验，怎能担当如此重任呢？"

结果，老鼠们仍然继续战战兢兢地生活着……

不得不承认这是一群非常聪明的老鼠，它们能够集思广益，想出要给猫系铃铛的好方案。可是，光想没有用，还得把这些想法付诸行动。可是，没有一只老鼠愿意去落实这个方案。尽管这个方案很完美，但是没有一只老鼠去做，也就没有任何的意义。结果，这群看似聪明的老鼠只能像以前一样，战战兢兢地生活。

马云曾经这样评价蒙牛："蒙牛不是策划出来的，而是用踏踏实实的产品、服务和体系做出来的。"其实马云的阿里巴巴也是这样，阿里巴巴并没有多少先进的理念，它的成长也不是依靠什么好想法来引导的，而是马云和所有员工踏踏实实、一步一个脚印走出来的。马云从来不想做什么计划，他也不要求自己的员工做太多的计划，他更加看重的是执行力。

当然他并不是认为思想或者计划之类的东西一无是处，而是觉得执行力才应该是所有工作的重中之重。他曾经和孙正义谈过这样的话题，和自己的员工也探讨过，他觉得一个优秀的执行者可以将一个很平常的计划做得非常出色，而一个糟糕的执行者，你即便给了他最出色的想法，他也无法把事情做到令人满意。

在马云看来，想法只是一个起引导作用的工具而已，这就像是钓鱼一样，一个技术出色的人，即便使用竹竿也能钓到大鱼，而一个技术粗糙的人，即便有了世界上最好的钓竿，最终也可能一无所获。但是这个世界上有很多人偏偏喜欢拿最好的钓竿，却不知道在实践中认真去钓鱼。

有个哲学家说："如果不能好好走路，即便你看得再远也是徒然的。"无论做什么，年轻人都应该脚踏实地，这个世界并不需要你比别人想得更多、看得更远，不需要你比别人更有创新意识，而只是要你做得比别人好，做得比所有人都认真努力。别人花2/3的时间来研究一个出色的想法，你就要花2/3的时间去认真做好工作，要懂得做好每一个步骤，关注每一个细节，坚定不移地把工作做好。

光脚的不怕穿鞋的，勇敢尝试吧

"做自己想做的事，做自己认为对的事，做别人不敢做的事，做别人做不好的事。李嘉诚可以，我马云也可以，中国80%的年轻人，都可以！"

——马云

马云说过，在互联网上，光脚的永远不怕穿鞋的，因为光脚的人一无所有，敢想敢做，没有什么后顾之忧，能够最大限度地发挥自己的能力；而有些人做事畏首畏尾，只会思来想去，处处束缚自己的才能，始终都在原地踏步。这也就解释了为什么那些白手起家的人往往更容易创造奇迹，而那些依靠家族底蕴的人总是一代不如一代。

其实马云在创业之初也算得上是一无所有的人，没有钱，也没有才华，只有一颗比谁都大胆的心，因为足够大胆，因为敢于尝试新事物，他的能力被一点点激发出来，生活逼着他一点点强大起来，逼着他一点点成长起来。多年之后，他都不敢相信自己会成为亿万富翁，不敢相信自己已经取得了这么大的成就，不敢相信自己如今已成为一个大人物。将十几年前的马云和现在做一下对比，就会发现马云成长了不少，他的能力也增强了不少，这不仅仅是锻炼后的经验积累，还是一种潜能的激发。

我们常常说狭路相逢勇者胜，所谓勇者就是敢于去做、敢于去竞争、敢于直面风险的人，而这样的人通常会在竞争中获得相对较多的优势，因为这种人更容易兴奋起来，专注度更高，能够充分激发自身的潜能。就像金庸笔下的乔峰一样，他不是小说中功力最深、武功最好的人，但却是最能打的人，因为他从来不知道畏惧，这种豪迈的气概足以让他战胜比自身更强大的对手。

马云说过："勇于尝试，那么在某件事上栽跟头可能是预料之中的事；但是，从来没有听说过，坐着不动的人会被绊倒。"诚然，敢想敢做的人，必然会经历一些挫折，但是那些没有勇气将自己所想的付诸行动的人，是永远都体会不到打拼过程中的乐趣的。要知道，受到一定程度的挫折也是自己的一笔宝贵财富。

米歇尔·戴尔是一个敢于尝试的人。在他刚满12岁的时候，他们全家去钓鱼，他的家人都急着到墨西哥湾钓鱼，而他却在沙滩上，摆弄着钓具，将几个鱼钩拴在一根线上，家人都很不理解。他忙活了一天，才弄好一个奇特的鱼竿，并把鱼竿抛出去，大家都戏弄他说这下他白忙活了，但是当他把鱼线拉起来时，钓的鱼比全家人都多。

后来他上了大学，在一次休假时，他突然和家人说："我要放弃学业，我要开一家电脑公司和IBM竞争。"

无论他的父母怎么劝说他，他仍然坚持自己的想法。他回到休斯敦，用他所有的存款开办了一家“戴尔计算机公司”，那年，他刚满19岁。

随着新学期的日益临近，他的生活节奏快得近乎疯狂。他租了间房子作为办公室，并雇用了一个28岁的经理来负责财务和经营管理。公司经营得很好，并且迅速发展壮大。

到米歇尔的大学同学毕业时，米歇尔的公司年营业额已达到7亿美元。现如今戴尔公司已经成为跨国大公司。

米歇尔·戴尔经常回忆这样的情景：他告诉他的朋友们，他的梦想就是成为世界上最大的私人电脑制造商，而朋友们当时则认为戴尔是个十足的幻想家，梦想是不会实现的。他说：“为什么有机会时不去试一试，去实现你的梦想？”

美国人常说的“勇敢里面有天才和魔法，它是和利益挂钩的”，这充分体现在米歇尔·戴尔的经历中。有了梦想就要敢于去尝试，努力去实现，这样才会成功，相反，有了梦想而不敢去尝试，不付出行动，那么这永远都只是个想法，永远成不了现实，又怎么可能成功呢？正是由于明白了这个道理，米歇尔·戴尔敢于按着他的想法去做、去尝试，才会实现梦想，所以他才会成功。

鲁迅非常赞赏世界上第一个吃螃蟹的人，称第一个吃螃蟹的人是勇士。他说：“地上本没有路，走的人多了，也便成了路。”成功离不开实践，只有勇于尝试的人，才有可能取得成功，不尝试永远不会成功。

当面对一个机会时，勇于尝试，即使失败了也是有意义的，因为这样至少可以对自己多一点了解，对新事物也多了一些认识。尝试其实是一个不断接触、体验的过程，很多事情并不是在最初就可以看到、预料到结果的，只有尝试之后，才能增进对事情的了解，为下一次的实践打好基础，也就是为成功打好基础。所以，尝试很重要，细想一下，其实我们就是伴随着一个又一个尝试长大和认识这个世界的。

坚持去做，直到成功那一刻

“中国缺的是有一个想法，并且能够持之以恒地将这个想法不断坚持做下去的人。”

——马云

马云曾经说过一句话：“如果我马云能够成功，那么80%的年轻人也能够成功!”可为什么那么多人没有成功而马云成功了呢？除了创业激情、能吃苦的精神，还在于马云是一个可以将自己的行动长久坚持下去的人。

马云在回顾阿里巴巴的创业历程时，总结了企业创新发展的经验，其中有一条就是：坚持自己的理想。马云也正是遵循了这样一个规律，在刚刚创办“中国黄页”的时候，他和同伴们凭着一个美国电话和几张图片到处宣传互联网。这里没有高科技，没有复杂的理念、模式，就凭着一个推销员简单的推销方式，逐渐让人们认识到互联网，认识到互联网带来的种种好处。

一个人要想实现自己的目标，一定要坚持自己最初的理想，不可轻易动摇自己的信念，哪怕很多人提出强烈的反对，就像马云一样，只要认定了，就要坚持下去。

有一位工人住在拖车房屋里，周薪只有60美元。他的妻子上夜班，但他们赚到的钱也只能勉强糊口。他们的孩子耳朵发炎，却没钱治病。

这位工人希望成为作家，业余时间不停地写作，打字机的声音不绝于耳。他的余钱全部用来付邮费，寄原稿给出版商和经纪人。但是他的作品全被退回。退稿信很简短，他甚至不敢确定出版商和经纪人究竟有没有真的看过他的作品。

一天，他读到一部小说，令他记起了自己的某部作品，于是他把作品的原稿寄给那部小说的出版商，他们把原稿交给了皮尔·汤姆森。

几个星期后，他收到汤姆森的一封热诚亲切的回信，说原稿的瑕疵太多。不过汤姆森相信他有成为作家的希望，并鼓励他再试试看。

在此后的18个月里，他又给编辑寄去两份原稿，但都被退回来了。迫于生活压力，他开始放弃希望。

一天夜里，他把原稿扔进垃圾桶。第二天，他妻子把它捡了回来。“你不应该半途而废，”她告诉他，“特别是在你快要成功的时候。”

在他自己都不相信自己的时候，他的妻子选择相信他，因此他开始试写第四部小说。写完了以后，他把小说寄给汤姆森，他以为这次又准会失败，可是他错了。

汤姆森的出版公司预付了2500美元给他，于是经典恐怖小说《嘉莉》诞生了。这本小说后来狂销500万册，并拍成电影，成为1976年最卖座的电影之一。

这个人就是史蒂芬·金。

很多人认为，一个人的成功，很多时候只是偶然。可是，谁又敢说，那不是一种必然呢？有许多不起眼的小事情，谁都知道该怎样做，问题在于谁能坚持做下去。

麦当劳的创始人雷蒙·克罗克最欣赏的格言是：“走你的路，世界上什么也代替不了坚韧不拔——才干代替不了，那些虽有才干却一事无成者，我们见得多了；天资代替不了，天生聪颖而一无所获者几乎成了笑谈；教育也代替不了，受过教育的流浪汉在这个世界上比比皆是。唯有坚韧不拔，坚定信心，才能无往而不胜。”

体操是程菲的梦。程菲4岁那年便开始了训练，每天早上，星星还在漆黑的天上闪烁的时候，程菲就起床了，爸爸陪着她跑步两个多小时到体操馆训练，风雨无阻。

懂事的程菲知道自己家里的条件并不好，自己能够获得专业训练的机会是很不容易的，因此她在训练时更加努力。父母看着程菲常因为训练而摔得浑身乌青，他们十分心疼，但是能给程菲的最高奖励只是花1元钱买3串程菲最爱吃的糯米团子。

为了在家里也能训练，父亲在程菲的要求下，在家中的屋梁吊上杠子，两根是双杠，一根就是单杠。而练习用的“平衡木”则是爸爸用粉笔在地上画的两条线，小程菲却如同在真正的器械上一样，练得非常认真。

为了纠正天生的“八字脚”，程菲把自己的脚用绷带缠上，走路、跑步的时候踮起脚，袜子常常粘在磨出血的脚上。妈妈心疼得一边掉泪，一边用酒精把女儿的袜子浸湿后一点点脱下来，有时程菲会疼得哇哇大哭，但她坚持训练的决心仍然没有一丝动摇。

天资并不出众的程菲，在被选送到国家队时差点儿吃了闭门羹。进入国家队后，程菲在众多运动员中毫不起眼，有一次她甚至被教练忘在了体操馆里。

但程菲格外能吃苦，很多人都不太愿意练的跳马，程菲却练得很刻苦，她在完成了教练的要求后，还加大了自己的训练量。其他队员都回去之后，程菲仍在空旷的训练大厅里无数次重复着助跑、起跳、空翻、落地等动作。原本十分平凡的程菲用她的勤奋打动了著名教练陆善真，仅1年时间，程菲就在教练的指点下频频夺冠，继而引起了世界体坛的关注。

程菲经常说：“给我机会，我就要把握住！”教练陆善真称赞她说：

“程菲练这些动作不知经历了多少痛苦的折磨和打击，可她从不抱怨。”在墨尔本世锦赛上，程菲的惊世一跳被国际体联命名为“程菲跳”。“程菲跳”是第一个以中国女运动员的名字命名的跳马动作。原本平凡的程菲，用自己的勤奋和努力实现了她并不平凡的梦想。

做，其实很简单，但是长期坚持去做则很难，一个人做一件好事很容易，难的是做一辈子好事。工作也是这样，你认真做一项工作做了一年，但是在第二年就放弃了，那么所有努力到头来可能只是白费了，也没有人会认为你是成功人士。所以说持续性很重要，只有将自己的行动延续下去，才有机会获得最后的成功。行动力应该是持续性的，短暂的行动并不能带来什么好的结果，就像打井人一样，你向下挖了20米，依然没有看见水，这时候可能就会放弃。可是水也许就在21米深的地方，只有坚持不懈往下挖的人才能够看到水源。

马云做互联网将近20年，做阿里巴巴也做了十几年，经历了风风雨雨，但是从来没有放弃过，也没有半途而废。也许有人会说马云当年是当老师的，后来却辞了职，他还做过翻译社，结果也卖掉了，这说明他是一个善变的人。其实并非如此，马云当年的确当过老师，可是他当老师只是为了养家糊口，可以说是无目的性的一种营生手段。至于他创办翻译社的确是在践行自己的理想，就算在最困难的时期，马云也没有放弃自己的理想，始终在经营翻译社，而且他的翻译社实际上是很成功的，这样就不能叫半途而废了。

在马云看来，自己的成功其实来得很简单，就是数十年如一日地做同样一件事。他坚持得比谁都要长久，所取得的成功自然也比谁都大。不仅如此，在阿里巴巴内部，当年和马云一起创业的员工和伙伴如今大部分依然还在，这些人和马云一样一直在坚守，持续地为阿里巴巴工作，如今这些人都成了百万富翁、千万富翁。

其实无论做什么，持之以恒最重要，不管你的能力有多强，你的设想有多伟大，你的构思有多巧妙，如果不去做，不坚持做下去，那么一切都是空谈。当然坚持去做往往是非常困难的，一方面，你要有足够强大的意志力，哪怕不断失败，也要坚持做下去，你失败了100次，但是也许会在第101次获得成功，只要意志足够坚定，能够承受生活的风险，就一定可以守得云开见月明；另一方面，人容易自大自满，小有成就时就觉得无须再努力了，常常会放松自己甚至是放弃继续奋斗。孔子说：善人我不能见到，能见到持之以恒的人也就可以了。世人多以无为有，以虚为满，内实穷约而外为奢泰，难以做到持之以恒。

马云说，通常年轻人做事最大的问题就是激情有余而后劲不足，常常会在中途放弃自己的理想，难以坚持下去，所以最终不容易成功。其实每个人都应对工作持续不断地倾注激情，只要着手去做了，就要坚持下去，不能三天打鱼两天晒网，不能在困难面前轻易放弃，也不能小有成绩就骄傲自满、止步不前，而应该有不达目的不罢休的精神。

第五章

会读书不会玩很麻烦，会努力不会创新没啥用

马云：“数学很重要，语文也很重要，确实没有这些基础那就啥都没有，但是有一点更为重要，音乐、体育、美术这些东西，让一个孩子真正成为一个人，而不是学习的机器。”

“我特别鼓励孩子要会玩，最聪明的孩子既会玩，也会读书；其次是会玩，未必会读书；会读书不会玩很麻烦。我招几万名年轻人，招聘下来发现一个很有意思的问题，这些有出息的孩子，小时候都特别会玩，都特调皮。调皮的孩子容易成功，但是调皮的孩子不讨老师喜欢，‘这个孩子怎么这么调皮’，一顿骂，活活把他的天性扼杀住。”

创新是逼出来的

“我们的每一次创新，换句话说，都是为了活下去，然后‘被’形势所迫，越搞越大。”

——马云

在一场名为《创新的源泉》的讲话中，马云坦言无法给出创新的定律，因为创新不是设计出来的，只能是在不断出现的问题中去解决一个个问题。很多问题的解决方案并不是非此即彼，有可能几种处理方式都是正确的，但是现实只给了你单项选择的机会。

马云经常自嘲是“盲人骑瞎虎”：自己眼睛是瞎的，骑着的老虎也是瞎眼的，一路颠簸到现在。而他自己的一次次创新成功无外乎是因为在当时被“逼”着答对了每个单选题。

“我从不使用咨询公司，也很少理会学者的说法，因为他们的理论都是事后归纳出来的。创新绝对不是提前就设计好，按图索骥地一步步走下来的。创新没有理论，也没有公式，就是一个个地解决问题。我相信，天下有一千个问题，就有一千个回答。”马云说，“所以今天告诉大家，绝不是因为我们很聪明，看到了未来怎么做，而是我们看到了市场需求。我们自己有这个压力，我们必须渡过这些难关。”

阿里巴巴是什么？马云说他最诚实的回答是：“告诉你们，其实连我也不知道。”现实在不停地变化，要给出一个标准答案，实在太难。

马云非常认同分众传媒创始人江南春的一句话：“有创意的人很

多，但能执行创意的人很少。”

马云也曾经就这个问题与另一位达人——日本软银集团总裁孙正义讨论过：“一流的点子加三流的执行水平”和“三流的点子加一流的执行水平”到底哪一个更重要？结果两人得出一致答案：“三流的点子加一流的执行水平”最重要。

马云说，工业时代的发展是人工的，而网络经济时代一切都是信息化的，难以预测。因此阿里巴巴不是计划出来的，而是“现在，立刻，马上”干出来的。

定位中小企业，被外界评价为阿里巴巴最大的商业模式创新。对此，马云说，“如果你要问我，阿里巴巴为什么这么厉害？你是如何这么早就预测到电子商务的？那我要告诉你，其实当时我们没有其他路可走。”

选择电子商务是形势所迫：当时的网络经济模式只有三种，要么做门户网站，马云他们没钱没资源；要么做游戏网站，马云又不想自己和别人的小孩子们泡在游戏里；要么做电子商务，马云他们只能选择后者。

支付宝，现在看来也是一个很成功的创新，但马云又表示：那也是被“逼”出来的。

当年，淘宝刚火起来的时候，是没办法交易的，中国的网上诚信危机逼着马云他们必须解决支付的问题。

关于做支付宝的事情，马云说过：“这个事儿得国家发牌照，做还是不做？大的国有银行不愿意涉足这个领域，但是他们不做，花旗银行、汇丰银行这些外资银行就会做。那年我参加会议的时候，听一位领导人讲，‘什么让你创新和做出对未来的决定？那是使命。’所以我告诉同事们，我们做‘支付宝’。但是我会每个季度向央行等有关部门报告我们到底怎么做的。要做得干净，做得透明。”

当马云一开始将做支付宝的模式讲给学者专家们听的时候，对方一针见血地指出："不就是中介担保吗？太愚蠢了，这个东西几百年以前就有。早就淘汰了，你干吗还要做？"马云也承认支付宝算不上创新，但是"我们不是想去创造一种新的商业模式，只不过是为了解决很现实的问题，至于它在技术上有没有创新，那不是我们关心的话题"。

马云说他从来不谈"模式的创新"，因为他无法在每个公司创业第一天就规划它成型的样式。马云认为，创新是靠"需求"逼出来的：客户需要什么，就调整成什么样子。

被"逼"出来的创新，才是真正的创新实力派。郭德纲总结自己如何成为"著名的非著名"演员时说："当年做梦都想成为晚会演员，穿着西装抹着红嘴巴四处慰问去。奈何同业一口饭都不给，反倒集中'兵力'围剿，我生生被逼出一条活路，才侥幸至此。想起苏秦的一句话，'使我有洛阳二顷田，安能佩六国相印？'"

有一个年轻人，花了很长时间找工作，但都以失败而告终。这次，他好不容易在朋友的介绍下，在一家牙膏制造公司得到了一份做杂事的工作，薪水少得可怜。

为了使目前已近饱和的牙膏销售量能够迅速提高，总裁发出通知：只要能提出足以令销售量增长的具体方案，便可获得高达十万美元的奖金。

所有人无不绞尽脑汁，在会议桌上提出各式各样的点子，诸如加强广告、更改包装、设立更多销售据点，甚至攻击对手。而这些陆续提出来的方案显然不为总裁所欣赏和采纳。

在会议凝重的气氛当中，恰巧这位年轻人走进会议室为众人加咖啡，无意间听到讨论的议题，不由得放下手中的咖啡壶，在大伙儿沉思更佳方案的肃穆中，怯生生地问道："我可以提出我的看法吗?"

总裁瞪了他一眼，没好气地说："可以，不过你得保证你所说的能令我产生兴趣，否则你给我滚出去。"

这位年轻人轻巧地笑了笑："我想，每个人在清晨赶着上班时，匆忙挤出的牙膏长度早已固定成为习惯。所以，只要我们将牙膏管的出口加大一点儿，大约比原口径多40%，挤出来的牙膏重量就多了一倍。这样，原来每个月用一管牙膏的家庭，是不是可能会多用一管牙膏呢？诸位不妨算算看。"

总裁细想了一会儿，率先鼓掌，会议室中立刻响起一片喝彩声。年轻人获得了十万美元的奖金。

一个好主意往往需要换一种思维，这样就可以获得意想不到的精彩。正如故事中那位年轻人所提出的意见一样，有时将自己的思考模式或方向巧妙地转个弯儿，的确可以看到更开阔、更壮丽的美景。

这是一个提倡学习与创新的时代，成功路上，勤奋努力是基础，创新务实是关键。年轻人是最具有创新热情和创新潜力的群体，他们知道，只有不断创造、勇于创新的人，才能迎来人生的春天。不过，在创新的道路上，很多年轻人不知不觉间走了弯路，他们为了创新而创新，结果，创新的成果脱离现实，产生不了任何社会意义。

在马云的成功道路上，他从没有时间停下来去想我是不是应该搞点创新，他的每一步创新都是被现实逼出来的，不管是阿里巴巴还是支付宝，都是为了适应实际需要而做出的自然而然的选择，事实证明，基于现实的创新才是最有生命力的。

大家都称赞的“创意”没有价值

“给我一个项目，我让10个人看，如果10个人都说好，我会毫不犹豫地扔进垃圾桶，因为大家都说好的东西，我马云何德何能，怎么能够做得比别人好？如果10个人中有9个都说不好，那我会仔细看这个项目，等我仔细看了，发现这个项目确实不好，我会放心地丢掉；但是如果我仔细看了，发现了别人没发现的东西，那机会就独属于我了。”

——马云

我们常说：“大家好才是真的好。”这句话并没有错，但它也从某个角度上证明大家都看到了其中的玄机。如果一个创业项目大家都说好，很可能已经有人在做这个项目了，这个时候你再去做，就是步人后尘，你有什么优势去超越别人？就算还没有人开始做，你是第一个做的人，你身后还会有一大批人来做这个项目。面对那么多竞争者，你又有什么竞争优势？你又如何能一枝独秀呢？这就是马云的创业逻辑，他选择的是别人未曾走过的路，而不是随波逐流。

仔细观察各个领域的成功者，不论是著名的音乐家、画家，还是商界大亨，他们之所以成功都不是因为模仿别人，而是因为坚定地走大家都认为没有价值，都不想走，或都不敢走的路。

吃过葡萄的人都知道，葡萄籽儿坚硬，牲畜不吃，沤粪不烂。面对谁都不要的葡萄籽儿，在北京的郑州女孩张丽雯却认为：葡萄籽儿不是垃圾，而是放错了地方的宝贝！

既然是宝贝，张丽雯肯定不会放过。消息传开，北京大大小小的葡萄酒厂纷纷找上门来，希望张丽雯收下“一文不值”的葡萄籽儿，而且他们答应长期免费供货。男朋友见张丽雯四处收集葡萄籽儿，便万般阻挠：“这是傻子才肯做的事，别人都不要的废物，你要干什么？”

“不从众，才会出众！越是别人不看好的葡萄籽儿，就越有商机。”张丽雯非常自信地开起了玩笑，她告诉男朋友：“这是商机，暂时保密。”2009年8月，张丽雯筹集了300万元，从法国采购了一套压榨设备，建了一个葡萄籽儿榨油厂。

葡萄籽儿能榨油？直到这个时候，人们才知道张丽雯大量收集葡萄籽儿的目的，原来她是想把葡萄籽儿加工成葡萄籽儿油。张丽雯是怎么知道这个秘密的呢？原来，她有一位同学在法国著名的葡萄酒产地波尔多地区打过工，他告诉张丽雯：葡萄籽儿可以榨油。同学还告诉她，葡萄籽儿油含有4%左右的花青素，具有很好的美容效果，还含有维生素E、维生素A等多种人体需要的营养成分，它的食用价值甚至比花生油还高，在国外广为销售。正是受到这些话的启发，张丽雯才大胆地做出了建葡萄籽儿榨油厂的决定。

2010年年初，张丽雯的葡萄籽儿榨油厂生产的葡萄籽儿油一上市，就立马成了抢手货。由于产品不愁销路，原料又不花钱，这一年张丽雯净赚500多万元。到2012年6月，张丽雯已经从葡萄籽儿中挖掘出2000多万元的巨额财富。

别人问：“你为什么看好葡萄籽儿的开发前景？”张丽雯说：“不从众，才会出众！当所有人把葡萄籽儿当成垃圾扔掉时，我认为它是放错地方的宝贝。”这就是张丽雯成功的逻辑。

成功的人，是突破传统定式的创新者，他们敢于向未知挑战，敢于挣脱常规，敢于在变化中冒险，敢于在得失中放弃。也只有富于创新精神，打破思维定式，才能够在激烈的竞争中胜出。如果总是因循守旧地按照传统办事，永远都不能走在时代的前列。

通常，有很多人在思考同一类问题时，不知不觉地就会滑向惯性的旋涡，绕着常规的思路打转，很难从中挣脱出来。惯性思维好比是一个无形的枷锁，严重地束缚了创新思维的生存与发展，致使大好机遇轻易溜走。

如果你想创新并取得成功，那么你就应该有冒险精神，想别人不敢想的事情，做别人不敢做的事情，只有这样，才能取得别人不可能取得的成功。如果你只是墨守成规，根本不可能有大的进步，也不会走在别人的前面。

台北市的环亚大饭店，内部装修富丽堂皇，整体气派豪华，拥有千余间套房，号称是台湾最大的饭店。但在环亚大饭店还没有取得营业执照的时候，就已经被处罚3次，共计约40万元。不过，此举成为当地各新闻媒介争相报道的新闻，没开业的环亚大饭店已经声名在外。

很快，环亚大饭店还推出了开价1万元和50万元的总统套房，真是春宵一刻值万金。这种天价受到了社会各界的责难。然而，这些令人瞩目的负面宣传，却成就了环亚大饭店。媒体免费为其大力宣传，不但节省了它上千万元的广告费用，使它成为社会各界瞩目的焦点，这也远远超过了业务广告的效果。

环亚大饭店在广告宣传上可以说是用尽了心思，没有花一分钱的广告费，就达到了妇孺皆知的目的。环亚并没有按照固有模式去花巨额的广告费在媒体上做宣传，而是从自身动脑筋，让媒体主动来关注。

哪里有眼球，哪里就有市场。正是媒体不断地报道，激发了人们的好奇心，不得不对这个“绯闻”缠身的饭店情有独钟。

由上面的故事我们不难看出：创新思维并不是像有些人想象的那样高不可攀，其实它普遍存在于我们的日常生活中。比如，科学上的一个新思路或新构想，销售上的一点新点子，乃至日常生活中的一些新的想法等都是创新思维的体现。

而每进行一次创新活动，我们的头脑就进行了一次创新思维训练。没有突破就没有创新，没有创新就没有活力，没有活力就没有生命力，所谓突破就是打破旧的传统、习惯、经验等思维定式，使思维创新产生质的飞跃。市场经济的规律告诉我们：只有思路常新才能有新出路。成功的喜悦从来都属于那些思路常新、不落俗套的人们。

反弹琵琶，倒立者赢

“在平时，我们很少会意识到，那些看起来强大的事物，如果倒过来看的话，就并非那么强大了。”

——马云

“山重水复疑无路，柳暗花明又一村。”有时候，逆向思考一下，没准儿会有意想不到的转机。换个角度，就能看到不同的天空，视野会和之前完全不同，但这同时也是需要很大的勇气，需要去接受全新的考验。

倒立是阿里巴巴员工的“必修课”。在2005年，《福布斯》杂志上刊登了阿里巴巴员工贴墙倒立的照片，称这是阿里巴巴公司员工的“招牌动作”。的确，阿里巴巴的员工都必须在进入公司3个月内学会倒立。男性要保持倒立姿势30秒才算过关，女性保持10秒就可以过关了。如果无法做到这一点，那就算其他方面再怎么优秀，最后也只能是卷铺盖走人，离开公司。

马云自己也是倒立高手，他可以单手支撑身体，倒立几分钟都面不改色。为什么要让员工练习倒立呢？马云对此有自己的认识：第一，倒立可以锻炼身体，不用器械辅助，随时随地就可以进行，十分方便；第二，通过练习倒立，促使员工对问题进行换位思考，用另一种眼光来看待，可以培养创新思维。

选择注资1亿元办淘宝网的时候，马云遭到了很多人的质疑，当时中国的互联网行业还处于冬天，另外，提供类似网络市场服务的易趣已经占领了中国80%以上的市场份额，国外的eBay在2002年花了3000万美元，收购了易趣1/3的股份，并在2003年以1.5亿美元的价格收购了易趣余下的股份，为的就是能够加强对中国市场的投入，在中国市场占据领先地位。

这样的强大对手已经矗立在那里，当时很多人都已经放弃了电子商务这一块的业务，就是觉得没什么竞争力，马云偏偏要选择与其竞争。所以，马云的做法在当时被形容为“疯狂”“豪赌”。

马云注意到eBay虽然做得很大，但很多地方并不完善，有很多弱点，针对这些弱点，马云觉得这一仗自己还是有胜算的。马云那时候常说：“eBay可能是海里的鲨鱼，可我是扬子江里的鳄鱼，如果我们在海里交战，我便输了；可如果我们在江里交战，我稳赢。”马云就是要走和eBay不同的路线，本地化营销是淘宝网制胜的法宝。与eBay坚持收费不同，淘宝网并不着急去收钱、收回成本，而是先以培育市场为主要目的，把客户的满意度放在首要位置。

一开始的时候，eBay的全球总裁惠特曼毫不掩饰自己对淘宝网的不屑，他预言淘宝网最多撑18个月就要倒闭。但18个月后，淘宝网不但没倒闭，发展势头还越来越猛。eBay易趣的首席运营官郑锡贵意识到了危机："我们在中国要打的是一场'持久战'，做的是100年的计划。"

马云不按常理出牌，再一次取得了胜利，淘宝网发展至今，已经是无人不知无人不晓的电子购物平台。在2012年11月11日，淘宝网"光棍节"的销售额达到了191亿元。

这些成绩都是当初人们想不到的，如果马云一直按常规思维办企业的话，那也就不会有淘宝网了。

"一直有人说阿里巴巴的这个模式这样不好那样不好，所以创新得顶得住压力，挡得住诱惑。我们最早被人说是疯子，到今天被说成狂人。不管别人怎么说，我们不在乎别人怎么看待我们，我们在乎的是怎么看待这个世界，如何按照我们的既定梦想一步一步往前走，这是做企业、做任何事一定要走的路。"马云总结，"不要被常规思维给束缚住，要挣脱世俗，活出自我。"

人们往往会对一些常见的事物形成思维定式，但是有些事情是在不断变化的，有些事情则是从未发生过的。如果还以固定的思路来思考，必然找不到解决问题的方法。所以，我们需要转换视角，换个角度去思考。

洛克菲勒说："思路决定出路，头脑是否敏捷对成功至关重要。只有思维灵活的人，才能在变化中生存和发展。"当你觉得事情的发展与你的预期不相符时，就要及时、果断地摒弃旧有的思路，换个思路，说不定问题就会迎刃而解了！

美国内华达州的拉斯维加斯是荒漠上的一片绿洲，那片神奇的土地吸引了无数游客前去度假，所以，酒店成了那里的热门产业。

2006年，30岁的卡特也很想拥有自己的酒店，但他并没有多少钱，无法修建豪华的星级大酒店。一次偶然的机会，卡特购置了一家大型酒店边的5层楼房，希望能够将这5层楼房打造成他梦想中的酒店。

卡特为他的酒店做了精心的装潢，还起了一个吸引人的名字，叫“梦幻酒店”，但酒店开张后，一直门庭冷落，鲜有顾客光顾。每当卡特看到游客们径直走到旁边的大酒店，连看都不看一眼他的“梦幻酒店”时，就十分难过。

眼看时间一天一天过去，酒店的生意毫无起色，再这样下去，早晚要关门大吉的。

这天，酒店还是空无一人，卡特心灰意懒地去附近的一个小村子里散心。在村子里，卡特遇到了一位老人。他将自己最近的遭遇讲给老人听，老人听完后，带卡特来到村子旁边的一个集市上，指着不远处两个卖桃的商贩，对卡特说：“你仔细看，他们有什么不同？”

一个商贩的桃子又大又红，可不管商贩怎么吆喝，他的摊位前买桃子的人就是多不起来；反倒是另一个商贩，没有怎么吆喝，摊位前却有很多人在买桃。卡特注意到这个商贩每卖出一袋桃子，就送一瓶自来水。

老人对卡特说：“这瓶水是用来洗桃子的。这里缺水，很多人买了桃子，想要吃新鲜的，但找不到水，就只好用手擦拭桃子，可是桃子上的毛刺会让人的手很痒，这个商贩送一瓶水，会让买桃的顾客感到方便很多。”

卡特从老人的话语中得到启发，他回去后，马上与一家纯净水公司取得联系，让他们每天送大量的水到酒店，每当一桌客人吃完饭之后，他就送上两瓶免费的纯净水。久而久之，来卡特店里吃饭、住宿的客人多了起来。

原本快要倒闭的“梦幻酒店”逐渐壮大起来，不久之后，还兼并了旁边的大型酒店。卡特利用拉斯维加斯属于沙漠地带，天气干燥缺水的特点，打造了一个免费送水给顾客的活动，不仅让顾客感受到了酒店的人文关怀，也化解了自身的危机。

面对同一个问题，面对同样的市场竞争，如果换一个角度去思考，就会出现截然不同的结果。马云让员工倒立，就是希望员工能够时时刻刻记着，人生不是只有一条出路，有时候，看着是一条死胡同，可没准儿换个角度去看，就能发现另有出路通向大道。

人们在想问题时往往会带着一种主见，顺着习惯的思路进行。但是，这样的思考也许并不客观，也不完善。俗话说：当局者迷，旁观者清。习惯性思维常常阻碍难题的解决，逆向思维就是要冲破习惯性思维的条条框框，从现有的思路返回。

与习惯性思维不同，逆向思维是反过来思考问题，是用绝大多数人没有想到的思维方式去思考问题，实际上就是以“出奇”达到“制胜”的目的。

打破常规思维模式，你会发现解决问题的途径不止一条，你可以从中选择出最佳路径，更快、更有效地解决问题。否则，一根筋地往前走，那肯定是要碰壁的。常规是约束创造力的枷锁，如果我们能够打破常规，冲出重围，我们就可以开启成功的大门；否则，我们永远只能在成功边缘徘徊。

把颠覆当作一种能力

“很多人看好的时候，就没你的事儿了；很多人不看好的时候，你去思考，去争取，就会形成机会。”

——马云

在很多人看来，马云绝对是一个异类。在同行看来，他就是百分百的外行：他不懂电脑，不懂管理学，不懂广告，也不许公司做广告。他认为自己很傻，“像阿甘一样简单”。

然而正是因为他的外行、他的“很傻很天真”，成就了他不按常理出牌的颠覆力。因为外行和简单，他总是能看到别人看不到的东西，看得更具实质性，认为“这事儿没什么难的，没什么复杂的”，做起来就会很猛。别人认为不可能的事情，他觉得没什么不可能的，别人认为做不到的事情，他总是能做到。

有一次，马云应邀去日本参加一个互联网国际会议。在会场闲谈的时候，有位经常到中国出差的日本朋友过来跟他抱怨：“啊呀，每次到你们中国，我都上不了我在日本的博客。你们中国网络管理这么严，怎么可能做好电子商务呢?”

这位日本友人的疑问代表了很多人的观点：监管这么严，确实和电子商务矛盾重重啊!

马云回答得很绝：“网管的事情我解决不了，可是你说的这种情况充其量占5%，5%的网站上不了，我们何必死盯着这5%呢？我们为何不把眼光放在更多的95%的市场？这个道理很明显：如果你只埋怨5%，就会否定更多的机会，而你本人也只会越来越消极，越来越痛苦。”马云接着引申开来，有时候被同事、老师、同学误解很正常，但应该看到，大部分时候，相处都是愉快的。所以，不要因为个别的误解，影响到长期积累的感情。马云的思维就是这么不同寻常。

在现实生活中，我们很容易看到负面的东西，而忽视更多的正能量。所以“这事儿根本不可能嘛”就会经常脱口而出。实际上，很多事情，只要去想，总是可以做的。

很多公司都喜欢砸钱做广告，动辄上亿元在中央电视台抢标王，而马云却偏偏反其道而行之，做广告尽可能不花钱。

1999年7月，钱已经成为阿里巴巴迫切需要解决的重要问题，甚至困窘到马云必须借钱来发团队成员的工资了。就是在这个艰难的时刻，马云还是接连拒绝各方投资者，前前后后一共有38次。之所以要“打肿脸充胖子”，用马云的话来解释就是：“除了钱，他们不能为阿里巴巴多带来其他任何东西。”

也就在此时，阿里巴巴受到了来自美国顶级的商业媒体《商业周刊》的关注。起因是据说有人在阿里巴巴网站上发布消息，说可以买到AK-47步枪。这条消息把马云吓了一跳，可是马云他们找遍网站所有的消息也没有找到这条买卖信息。

塞翁失马，焉知非福。尽管有关AK-47的报道给阿里巴巴带来了一些负面影响，但也带来了更多国际记者纷至沓来的脚步，伴随这些脚步而来的当然还有国外的投资者。而在此之前，许多国际风险投资机构都已经注意到了1999年火热的中国互联网。在这一年，国际风险投资机构大规模地在中国互联网市场进行投资，以著名的老虎基金、高盛和软银为代表的风险投资商向中国门户网站及电子商务网站大股投资。

1999年10月，由高盛公司牵头，美国、亚洲、欧洲多家一流的基金公司参与，阿里巴巴引入了第一笔高达500万美元的风险投资。此次投资不仅成为阿里巴巴首轮“天使基金”，也成为轰动一时的特大新闻。

接下来，软银公司也开始盯上了阿里巴巴，在北京的一次简单会面后，软银宣布为阿里巴巴融资2000万美元。

2001年之后，阿里巴巴制定了零公关策略。马云提出不花一分钱做公关的时候，周围的人都觉得不可思议。事实上，马云还真的就没花钱。他自己冲到了前线，抓住一切露脸的机会，不放弃任何开口说话的场合，亲自和记者们定期交流，不论资历，不论名气，马云用最原始的方式一遍一遍对媒体做普及工作。到了淘宝时期，有了更充裕的资金做保障，马云更是一跃成了各媒体的座上客，一时间，马云大热，马云力推的淘宝也大热起来，特别是马云关于淘宝将创造100万个就业机会的那些话语，更是热到诸多草根创业者为之传颂的地步。

有人认定，中国的互联网环境做不好电子商务，马云却把负面的东西忽略掉，只抓正面的东西，把电子商务做起来了。有人认定，不花钱做广告是不可能的事儿，马云却一分钱不花，让自己和阿里巴巴成为了媒体的宠儿。

阿里巴巴不走其他网络公司的老路：找钱—招人—做事。而是独辟蹊径：招人—做事—找钱。人家是先融资再做品牌，马云偏偏反其道而行之；人家是网站找风险投资，马云却让风险投资找网站。他先是精心做品牌，不谈投资；然后又对风险投资百般挑剔，先后拒绝了37家上门的投资商，才最终接受了高盛的第一笔风险投资。马云能如此“嚣张”是因为他拥有一个一流的团队和一个潜力巨大的品牌。

有一天，一位犹太富翁走进了美国花旗银行的贷款部。贷款部的经理一看，来了一位大客户，因为这位犹太人的手里拎着一个非常昂贵的皮箱，穿着也是非常的体面。

经理一看，马上迎了上去，问道："这位先生有什么需要我帮忙的吗?"

"我想借一些钱。"犹太富翁说。

经理一听，便说："可以，但是您要在我们这里贷款的话需要有担保人，您得拿一些东西抵押才行，不知您押一些什么?"

"要抵押可以。您看这个，"犹太人说完就把手里的箱子拿了出来，打开一看，里面装满了金银珠宝和各种股票、债券，等等，"我这箱子里的东西大概可以值50万美元。"

经理一看，这箱子里的东西都很值钱，于是就毕恭毕敬地问这位富翁："您到底要贷多少钱?"

犹太人想了想说："我想贷款1美元。"

一听这话，经理傻眼了，50万美元的东西只贷款1美元，这个人肯定是疯了。要说这位经理还是有些小聪明，转念一想就明白了，这个犹太人肯定是位大客户，这是要拿1美元的事考验我们的信誉和效率，还有办事能力，这里不知道还有多大的买卖等着我们呢！1美元不过是一个引子。

"没问题，这1美元我们绝对贷给您。"经理说完这句话以后，帮犹太人办好手续后，目送这个富翁走出了花旗银行的大门。

转眼个把月已经过去了，有一天这位犹太人又回到了花旗银行。这个犹太人微笑着，果然拿出了1美元对经理说："今天我就是来还这1美元的，你把之前我抵押在这儿的东西还给我吧。"

经理把这些东西如数交给了这位犹太商人之后就等着他的后话，可是这位犹太人起身说了一声谢谢后就要走。看到这里，经理一把抓住了他，便问："难道您没有什么事要办了吗?"

犹太人神秘地微笑了一下后道出了隐情："其实我是想到国外旅行，但是家里值钱的东西实在让人不放心。本来想在你们的银行办理一个保管业务，可我一算每个月的保管费就需要花掉几百美元，太不划算了。但是像现在这样多好，我拿这些值钱的东西去贷1美元，几个月之后还款也就是1美元，而且我的东西还被你们保管得很好。"经理终于明白，原来犹太富翁只是想让他们给自己保管物品。

犹太人的精明是举世闻名的，他们的精明有时就表现在善于变通中。因为银行保管需要花很多钱，而如果用这些东西做抵押去贷款，则会花费很少，于是他便去贷款1美元。富翁的做法自然给银行添了不少麻烦，事后必定会遭到银行经理的鄙视，但自己的贵重物品得到了保管，这才是真正的实惠。

有些人总是习惯说"这是不可能的""那是没有办法的事情"。其实未必，只要有问题，就会有解决的方法，而且方法一定比问题多。即便是看起来根本不能解决的问题，如果积极思考，也能寻找到妥善解决的方法。

很多时候，寻找解决问题的方法是不容易的，但是方法总是有的，只要我们用心思考。工作中的难题也是一样，我们在工作中也要坚持这样的原则，方法总比问题多，有问题就必定有解决的方法。

所谓颠覆，就是凡事倒过去思考，从反方向去问自己为什么不可以。这种思维形成习惯后，你会发现：很多事情，在某种条件下，都是可以做到的。可行与不可行，在某些条件下都是可以相互转化的。逆向思维惯性，可以让你的思路变得更宽，更能看透本质，于是颠覆就会成为一种力量。

鹰的眼光，抢在变化之前先变

“这是个高速变化的世界，我们的产业在变，我们的环境在变，我们自己在变，我们的对手也在变……我们周围的一切全在变化之中！”

——马云

在事业上能够成功的人，基本上都具备敏锐的眼光，他们总是可以洞悉到市场的变化，然后牢牢把握住，以先人一步的勇气与胆魄，成功地开创属于自己的一番新天地。

互联网行业瞬息万变，也许今天你还能在业界叱咤一方，可能到了明天就会被淘汰下去。当旧的B2C模式遇到瓶颈、难以发展时，马云开始思考，如何颠覆传统，创新未来。

传统的B2C模式需要投入巨资建立仓储、配送中心，中间的成本耗资巨大，可获取的利润十分少，仅在5%左右。马云谈到B2C时，说道：“即使美国有那么好的配送和物流基础，但是亚马逊只有5%的利润。在中国，B2C的市场已经很成熟了，但是你看卓越、当当还是活得很辛苦，说明这个模式有问题。”

马云认为应该有一种更新的模式，更适合中国国情的电子商务模式出现。在2004年的时候，他曾表示：“未来的电子商务，将没有B2B与C2C的界限，最大的好处是电子商务将像身边的自来水一样方便。”

2004年9月，阿里巴巴成立5周年时，马云宣布了阿里巴巴公司的一次人事调整，公司战略从“meet at alibaba”全面跨越到“work at alibaba”。马云解释为：“‘meet’就是把客户聚在一起，就像建水库。如果养鱼，没什么意思；如果做旅游，还要花费水电。所以，‘meet’的钱都是小钱。‘work’则意味着水库要铺管道，水送到家里要变成自来水，自来水厂赚的钱一定比水库多。”

马云预言未来的电子商务对每一个中小企业都能像自来水一样方便。他说：“各种电子商务形态在未来都将融合，在一个大平台上运行。连通B2B与C2C平台之后，一种全新的B2C模式将会产生。”

按照马云的设想，阿里巴巴尝试将阿里巴巴的买家和卖家引到淘宝网，鼓励淘宝网的卖家去阿里巴巴进货，并且把商品批发给消费者，打通了B2B和C2C的界限。阿里巴巴进行的这种模式让电子商务模式直接介入了企业流程，把电子商务的工具真正还给了厂商，帮助他们在各个环节上赚钱。

马云的这次改革，不但完全融合了B2B和C2C模式，还形成了之后整个电子商务的走向。这种新模式一经推出与推广，很多国内外知名厂商纷纷“趋之若鹜”，在淘宝网上开了专门的店铺。

新的模式被接受，一种商业模式的完全颠覆，马云这一次抢先出击又取得了完胜。创新永远要走在时代的前端。马云说道：“我们认为去年、今年和明年是电子商务的一个积累期，到了2008年、2009年必然有一个爆发。因此我们必须抢在这个变化前先变，而不是等到出了问题再去想办法解决。这是阿里巴巴保持变革能力的关键。”

在20世纪80年代初，绝大多数美国大公司还未认识到即将到来的全球性严酷竞争的挑战之时，杰克·韦尔奇就已经意识到了美国大公司再也不能依赖身边这个世界上最大的市场而生存了。因此，他一上任就呼吁其同人要把通用电气公司的未来“放在全球性竞争环境之中来考虑”。

尽管早在20世纪70年代美国的钢铁、汽车等行业就品尝到了日本、西欧企业竞争的猛烈冲击之苦，但美国大公司的领导们依然坚信，20世纪80年代将只是60年代、70年代的翻版，只要美国经济形势好转，那么，只要在他们那传统的工业习惯基础上增加一些新的附属物，那么他们的公司就仍然会像以往一样强大。

与众不同的是，韦尔奇以他那敏锐的直觉和深刻的思维认识到：通用电气公司和其他的美国大型公司若想在全球性经济迅速变化的环境中求得生存，就必须有新的思维方式和战略眼光。因为在这种环境中，毁灭性的竞争不仅仅来自国内活跃在高科技领域的新兴企业，更有来自海外的竞争者。

船大抗风浪，大公司确实很少破产，但这并不意味着公司的排列顺序是绝对不变的。正像一个旅店可以永远住满旅客，然而旅客却总是在更换一样，最大公司的名单也在变动。

1909年10家最大的美国公司，到1984年已没有一家仍然在前10名之列了。从国际比较的角度来看，美国公司使对手们相形见绌的局面已大为衰微。1970年，世界100家大型工业公司中美国占64家，欧洲占26家，日本只占8家；到1988年，美国降为42家，欧洲有32家，日本有15家，制造业以外的领域也存在类似的趋势。1970年，全世界50家大银行中，北美占19家，欧洲占16家，日本上升至11家；服务业的头10家大公司，日本独占9家。

由此不难发现，许多曾在各自行业里叱咤风云、独占鳌头的公司，也已成为明日黄花。这表明，即便是大公司，除非它能在变动的市场和技术上取胜，否则终将被后来的竞争对手超越。

韦尔奇认为，经营环境正在迅速改变。全球化不只是目标，更是必须马上采取行动的事情，因为市场开发已经使得地理上的疆界变得模糊，甚至无关紧要。公司与公司之间的联合，不管是合资、成立新公司或是并购，都将是竞争或策略的产物，而不像过去是出于调整财务结构的需要。

韦尔奇立志要将公司变成一个完整的、名副其实的国际性的强大企业王国，并以“三个圆圈”产业战略为中心，力图制定并实施跨国界的生产、销售、金融等活动的经营战略，其目标盯在全球范围内的市场上。

1980年，也就是韦尔奇成为通用的首席执行官的前一年，通用仅有两家战略性的事业部——塑胶和飞机发动机，真正实现了全球化。通用资本服务公司过去只在美国进行过资产投资。其他业务或多或少地有全球性销售业务，其中两项业务——飞机引擎和动力系统规模较大。但是，这些基本上都属于出口业务，相关设施无一例外都在美国。

有趣的是韦尔奇并不是一夜之间就决定加快通用全球化步伐的。

真正使通用启动全球性业务的是副董事长保罗·弗里斯科，他在通用被称为“全球化先生”。当时保罗·弗里斯科早已感觉到全球化的必要性，但他认为在通用集中全力展开国际化运作之前，必须结束“改革、关闭或出售”的阶段。“如果在母国没有坚实的基础，将难以跨入全球化的时代。一旦基础已经稳固，我们将立即行动。”

在全球化的进程中，通用将欧洲放在了首要位置。从20世纪80年代末起，通用在欧洲投资了近100亿美元，其中一半用于收购。

韦尔奇的全球化革命始于1987年夏。当时他在半个小时内就与法国最大的电器公司——汤姆逊公司的总裁阿兰·戈梅斯敲定了一笔交易，通用以其电视机事业部交换汤姆逊的一家专营医用成像设备的公司CGR。这桩交易标志着通用进入欧洲市场和其全球化计划的开始。此后，通用迅速向其他海外市场扩张。

在同样的机会下，谁快谁就会赢得机会，谁快谁就会赢得财富；在机会不同的条件下，后来者要用速度赢得时间，赶上前面的领先者。在竞技场上，冠军和亚军的区别可能就只是0.1毫米或者0.1秒钟，但是它却决定了两个人的不同命运。

马云为了让阿里巴巴始终处于变化的前端，便向多个热门领域突破。2004年9月，马云与英特尔合作，开始建设中国首个手机无线商务平台。之后又为了抓住无线电子商务机遇，开始与微软合作，商讨在微软的MSN（即时信息软件）中集成在线拍卖功能的相关合作事宜。

如果你今天身在2017年，但是想法已设定在2027年，而你的竞争对手在思考2017年，你们之间就有了差距。这种思维上的无形差距最终将导致完全不同的结果。前瞻意识和超前思维逻辑可以使我们采取最先进的方法，提前把握未来，成为生活中的捷足先登者，成为整个社会发展的前驱和带领者。

勿做他人“跟班”，人生不可复制

“让别人跟着鲸鱼跑吧。我们只要抓些小虾米。我们很快就会聚拢50万个进出口商，我怎么可能从他们身上分文不得呢？”

——马云

一切创新活动都离不开创新思维。要想取得成功，就要学会用与别人不同的思维方式、别人忽略的思维方式来思考问题，也就是说要有一定的创造性。科学的真正意义在于发现，而从方法论来讲，能否发现则在于如何思维。科学发明是一种创造性工作，它的实质则在于创新，离开了创新将一事无成。

历史是源远流长而伟大的，这需要大家用心来学习。但我们在学习前人优秀东西的同时，也为自己编织了一张无形的网——前人固有思想的一张网。这张网给了我们许多知识，但有时候也网住了我们自己的思想。此时，只有勇敢地否定前人，冲破这张网，才能够创造新的东西，得到新的发展。

1992年，马云到新加坡参加亚洲电子商务大会时，立志要做适合中国乃至亚洲的电子商务模式。后来这个想法逐渐成熟，马云要做的就是针对中小企业的电子商务模式。

在世界商业舞台上，中小企业一直属于弱势群体，而这种情况在以出口导向型经济为主的亚洲尤为明显。亚洲是全球最大的出口基地，中小型供应商十分密集，然而，如此众多的中小企业，自身却无力投入资金进行市场推广。马云正是盯准了这一块得天独厚的优势资源。

因此，阿里巴巴刚一创建，马云就给自己定下了明确的发展方向——不做那20%大企业的生意，只做80%中小企业的生意。对于自己这种不按常规出牌的创业模式，马云说：“如果把企业也分成富人穷人，那么互联网就是穷人的世界。因为大企业有自己专门的信息渠道，有巨额广告费，小企业什么都没有，他们才是最需要互联网的人。而我就是要领导穷人起来‘闹革命’。”

同时，马云还把大企业比作鲸鱼，把小企业称为虾米。阿里巴巴就是要为那些“虾米”服务。对于为何这样定位阿里巴巴的服务方向，马云解释说：“国外的B2B都是以大企业为主，我以中小企业为主。鲸鱼有油水，资金、人力、技术都很充足。像Commerce One（美国第一商务公司）、Ariba（美国一家软件信息服务公司）这样的欧美公司来到中国，他们的目标是找鲸鱼。可是中国没有多少鲸鱼，即便为数不多的那几条鲸鱼，还有些是不健康的，贸易流程缺少标准，信息化程度低。”

马云独创了以服务中小企业为主的模式，他不愿去模仿大公司，他认为那样的做法是不成熟的。很多创业者会在创业初期不自觉地按照大公司的做法来规划自己的公司。虽然大公司的一些做法是经过锤炼的，是有益的，但大公司为了稳妥，一般变化都比较慢，且有资本为“慢”付出代价，小公司却付不起。所以，马云认为中小企业应当有自己独有的模式，而不是跟在大公司后面模仿。

“所谓电子商务，商务是本，电子充其量只是一种手段。”马云对自己要做的事一直保持着清醒的头脑，他说“既然是以商业服务为主，一定要贴近中国市场和中国文化特色需求”。

很快，这个为中小企业搭建起的业务平台就一传十，十传百，在中小企业之间迅速传开了，其独特的经营模式也吸引了众多投资商的眼球。全球著名风险投资机构Invest AB Latour亚洲代表蔡崇信原本是和马云洽谈投资事宜，然而却被阿里巴巴的前景所吸引，毅然辞职随马云一起创业。当美国华尔街风险投资商得知阿里巴巴这一网站后，高盛集团便决定向其投资500万美元。成功投资了雅虎网站的软银董事长孙正义仅与马云谈了6分钟，便决定投资2000万美元。

马云正是看到了中小企业顽强的生命力和巨大的发展潜力，从一开始便选择了正确的方向和成功的模式。马云的“梦想”在这些巨资的帮助下迅速地发展起来，商务平台也越来越大，同时，注册的会员越来越多，点击率更是直线上升。马云的这种“让别人跟着鲸鱼跑吧”的想法，使如今的阿里巴巴挤满了成千上万的供应商。

有些人只懂勤勤恳恳，循规蹈矩，从不注意自我创造，总是去模仿他人，追随他人，做别人已经做过的事情，因此一生也不会有多大成就。而有的人却具有创造思想，运用新奇和进步的方法，努力寻找一种最佳的途径，在有限的条件中发挥才智的作用，将工作做到完美，开辟出一条通往成功的路径。

法国美容品制造师伊夫·洛列是靠经营花卉发家的。

伊夫·洛列从1960年开始生产美容品，到1985年，他已拥有960家分号，各个企业在全世界星罗棋布。

伊夫·洛列生意兴旺，财源广进，摘取了美容品和护肤品的桂冠。他的企业是唯一使法国最大的化妆品公司劳雷阿尔惶惶不可终日的竞争对手。

这一切成就，伊夫·洛列是悄无声息地取得的，其事业在发展阶段几乎未曾引起竞争者的警觉。

这有赖于他的创新精神。

1958年，伊夫·洛列从一位年迈女医师那里得到了一种专治痔疮的特效药膏秘方。这个秘方令他产生了浓厚的兴趣，于是，他根据这个药方，研制出一种植物香脂，并开始挨家挨户地去推销。

有一天，洛列灵机一动，何不在《这儿是巴黎》杂志上刊登一则商品广告呢？如果在广告上附上邮购优惠单，说不定会有效地促销产品。

这一大胆尝试让洛列获得了意想不到的成功，当他的朋友还在为巨额广告投资惴惴不安时，他的产品却开始在巴黎畅销起来，原以为会泥牛入海的广告费用与其获得的利润相比，显得轻如鸿毛。

当时，人们认为用植物和花卉制造的美容品毫无前途，几乎没有人愿意在这方面投入资金，而洛列却反其道而行之，对此产生了一种奇特的迷恋之情。

1960年，洛列开始小批量地生产美容霜，他独创的邮购销售方式又让他获得巨大成功；在极短的时间内，洛列通过这种销售方式，顺利地推销了70多万瓶美容品。

如果说用植物制造美容品是洛列的一种尝试，那么，采用邮购的销售方式，则是他的一项创举。

时至今日，邮购商品已不足为奇了，但在当时，这却是行人所未行。

1969年，洛列创办了他的第一家工厂，并在巴黎的奥斯曼大街开设了他的第一家商店，开始大量生产和销售美容品。

伊夫·洛列对他的职员说："我们的每一位女顾客都是王后，她们应该获得像王后那样的服务。"

为了达到这个宗旨，他打破销售学的一切常规，采用了邮售化妆品的方式。

公司收到邮购单后，几天之内即把商品邮给买主，同时赠送一件礼品和一封建议信，并附带制造商和蔼可亲的笑容。

邮购几乎占了洛列全部营业额的50%。

洛列邮购手续简单，顾客只需寄上地址便可加入"洛列美容俱乐部"，并很快收到样品、价格表和使用说明书。

这种经营方式对那些工作繁忙或离商业区较远的妇女来说无疑是非常理想的。如今，通过邮购方式从洛列俱乐部获取口红、描眉膏、唇膏、洗澡香波和美容护肤霜的已达6亿人次。

这种优质服务给公司带来了丰硕成果。公司每年寄出邮包达99万件。1985年，公司的销售额和利润增长了30%，国外的销售额超过了法国境内的销售额。

如今，伊夫·洛列已经拥有400余种美容系列产品和800万名忠实的女顾客。

真正有创新精神的人通常不按常规出牌，他善于突破常规思维。

当别人一窝蜂地朝着一个方向拥去，他却敢于打破常规，在似乎无路的地方开辟一条道路，最终收获不同寻常的成功。

所以，无论何时何地，你都要冲出自我营造的“模仿牢笼”，做一个勤于思考的人，做一个善于观察的人，做一个敢于创新的人。做到这些，也许下一个成功者就是你了。

想象力是巨大的财富

美国发明家和教育家托德·西勒说：“所谓天才，总能于凡人不经意之处发现意外的事物，他们在不可能的事物当中看出种种的可能。”

托德·西勒还提出了“超传思维”的概念，认为天才的思考方式就是“超传”，即把某个事物或者想法的新的含义和联系，传递到另一个事物或者想法上去，产生新的创意，即我们通常所讲的天马行空的想象力。从马云的创业经历中，我们发现他的很多创业构想都来源于他的不可思议的想象力。

马云成功创业之后，很多人认为他有经商的天赋，马云在接受杨澜采访时说：“我不觉得自己有什么经商天赋，我只不过喜欢看一些金庸的小说。”

马云小时候最大的业余爱好是读金庸的武侠小说，因为武侠小说可以让他“东想西想”。他还特别喜欢去各个茶馆听杭州大书、苏州评弹。虚拟的世界让他插上了想象思维的翅膀。

马云很善于演绎金庸的武侠境界并实践到自己的创业过程之中，

2000年马云还突发奇想，请金庸主持了网络英雄的“西湖论剑”大会。很多时候，他谈论创业经验，就像是在讲自己的武侠故事。

如今，马云运用他的想象力，在“光明顶”开始构筑他的“电子商务王国”：阿里巴巴让“天下没有难做的生意”，淘宝网让“天下没有淘不到的宝贝”，阿里软件让“天下没有难管的生意”，阿里妈妈让“天下没有难做的广告”，支付宝让“天下无贼”，马云用他的“达摩五指”，欲将80%的中小企业“一网打尽”，一统江湖。

马云天马行空的想象力，还表现在“外行领导内行”的管理风格上。马云常被形容为一个“不懂IT的IT英雄”“不懂网络的网络精英”。马云说：“我只会干两件事，一是浏览网页，二是收发电子邮件，其他的一窍不通，我连如何在电脑上看VCD（影音光碟）都不会弄！”在阿里巴巴的每一款新产品推向市场之前，马云都是该产品的“第一测试员”。他一再坚持，“只要我马云不会用，社会上80%的人就不会使用”。如“第一测试员”这关过不了，那些神通广大的工程师们都要从头再来。马云充当了第一顾客的换位思考角色。

人们常常生活在自己的习惯里。用习惯的眼光看问题，用习惯的思路想问题。因此，眼光往往受到限制、约束，思路变得狭窄，无法发现生活的真谛和创业智慧。这时候，一个小小的改变，可能会起到意想不到的作用。

日本江户时代，一位将军要到东照宫进谒天皇，不料出发前一天，下了一场暴雨，石砌城墙坍塌，挡住进谒道路。道路狭窄，当地城主不得不想办法尽快把这些石头弄走。

虽然这位城主带了许多手下来做这件事，但却遇到了很大麻烦。他像往常一样，命令工人抬来原木，放在地上，然后把石头放在上面，准备把这些石头运走。但因为大雨，原木却嵌入稀泥中，石头根本无法滚动。石头过于庞大，想把它抬走十分困难，很长时间过去了，看上去根本不可能在短时间内把任务完成。

无论使用何种办法，都不能弄走石头。按照当时法律，不能使将军按时出发，城主一定会被判死罪。城主无计可施，决定剖腹自杀，以谢失职。这时，一名伊豆守救了他的性命。

伊豆守向城主建议，在石头周围挖洞，把石头埋起来。城主采纳了他的意见，在石头旁挖出一个大坑，将石头埋住，最终将军人马得以顺利通过。

城主迫切地希望解决难题，他遵照常规的方法去搬运这些石头，但由于天气原因，这一方法最终失效。时间紧迫，在压力面前，城主束手无策，眼看要耽误将军的行程，无奈决定剖腹以谢罪。这时，伊豆守的想法却使得事情发生转机。在压力面前，他并没有慌乱手脚，而是积极寻找解决问题的方法。伊豆守转换了思维，不再想着如何搬运石头，而是想着如何让将军顺利通过，最终方法也被他找到，问题得到顺利解决。

拿破仑曾经说过想象力统治全球。爱因斯坦也说："想象力比知识更加重要，因为知识是有限的，而想象力概括着世界的一切。"任何一个杰出人士都不会忽视想象力的作用。

亨利·福特和安德鲁·卡内基是生意上的伙伴和生活上的朋友。当福特的汽车厂大批生产汽车的时代来临的时候，卡内基的钢铁也像树木一样源源不断地运送到了福特汽车制造厂。福特当时的名气像卡内基、洛克菲勒一样传遍全球。

福特1863年7月出生在美国的密歇根州，他的父亲是个农夫，认为教育是一种浪费，他想让儿子留在自己的农场里，给自己当帮手，而不是去念书。

福特从小就在农场里干活儿，很小的时候就对机器感兴趣，于是，他就想用机器代替人力和牲畜。

在福特还只有12岁的时候，他就开始构想制造一部能在公路上行走的机器，这个想法深深地在他的头脑中扎了根。

他周围的人都劝他放弃这个念头，觉得他的想法是不切实际的，老福特想让儿子做自己的助手，但是少年福特却想成为一名机械师。他只用了一年的时间就完成了别人在三年内才完成的机械训练课程，从此，虽然老福特的农场里少了一个帮手，美国的工业史上却多了一位伟大的工业家。

福特认为这个世界上没有不可能的事，于是，他用了两年多的时间去推进他的新构想，但是后来却走进了死胡同。有一次，他在杂志上看到汽油氧化后，可以形成燃料代替照明煤灯，这触发了他的想象力和创造力，从此，他全心投入到汽油的研究工作中。

福特每天都在梦想着能制造出第一辆汽车，他的创意受到大发明家爱迪生的赏识，爱迪生邀请他担任底特律爱迪生公司的工程师，让他有机会把自己的梦想变成现实。

终于，在1892年，福特29岁的时候，他成功地制造出世界上第一部汽车引擎。到了1896年，世界上第一辆摩托车也诞生了。

从1908年开始，福特致力于推广摩托车的销售，当时的摩托车以非常低廉的价格出售，以吸引消费者。今天的美国，每个家庭都有一部以上的汽车，而底特律一跃成为美国最大的工业城市，成了福特的汽车之都。

很多人认为福特的成功是因为运气好，或者有一位成功的朋友帮忙，或者是他有天分，或者他们想象中的各种福特秘诀。这些东西让福特获得了成功，但是他们从来没想过，真正让福特获得成功的，很简单，就是想象力。事实上，在某种条件下，只有能想到，才能做到。

想象力是一笔巨大的财富，如果能正确地运用它，你就能从平庸走向杰出！

第六章

前3名的学生，可能一点儿挫折就掉下去了

马云：“我招聘的时候，不太喜欢一个班里面从小到大是前3名的学生，前3名的学生进入工作岗位，失败概率实在太大。他觉得我就是最好的，我出来也得最好，一点儿挫折他就掉下去了，社会上不吃这一套。而往往最好的学生是什么呢？10名左右，读书不是很用功，他搞来搞去就是10名左右。”

不断被否定，才能成长为最好的自己

“有时候不被人看好是一种福气。正因为没有被看好，大家都没有杀进来，如果好的话肯定不属于马云，所有好的东西就不可能轮到我了。”

——马云

人生路上，可能春风得意，也可能坎坷不平，无论如何，我们都要坚持走下去；荣耀也罢，屈辱也罢，都要以平和的心态去面对；少一些无奈与感慨，多一份从容和淡然。凡是想按自己的道路成长的人，总不免被别人误解、质疑、否定。在别人的否定中，有些人选择了沉沦，有些人则选择了坚守。选择沉沦的人很可能就此平庸下去，而选择接受否定、坚持自我的人，则在否定中锻炼了意志，找寻到了属于自己的成长路径。

若知道看起来骨瘦如柴、弱不禁风的马云小时候最大的爱好就是跟人打架，也许很多人会大跌眼镜。正如没有人能料到他日后能成为中国IT界的巨人一样，从小调皮的马云，几乎没有人对他的未来抱有期待。他最后却成为了全球最大B2B网站、中国电子商务网站的开拓者，也是唯一敢与全球著名的电子商务网eBay和亚马逊抗衡的中国网络经济巨子。

马云的创业之所以能成功，原因就在于遭受失败与挫折、不断被否定时，他仍在坚持。马云从未想过要上一流的学校，从小到大，他念过的小学、中学、高中都是三四流的。小学考重点中学考了三次都没有考上，初中考高中考了两次，高中考大学考了三次才考了个专科师范学院。唯一可以拿得上台面的，就是他的英语稍好一点。

第一次考大学失败后，马云便步入了社会。马云当过秘书，也做过搬运的工作，他踩着三轮车帮人家把书刊扎在一起，25本成一包，需要走10千米路通过铁路运输渠道转发到其他地方。后来马云一边工作一边考大学，可他的考试成绩还是不好。

尽管他一次次被现实所否定，但马云心怀壮志，从未放弃，因为他深知，只有不断遭遇失败，不断被否定仍然坚持梦想的人，最后才有可能成功。终于，功夫不负有心人，一次次被否定的马云总算在第三次高考中得到了回报，考进了杭州师范学院。成名后的马云并不回避谈论考大学的这段尴尬经历，反而喜欢拿这三次高考自我调侃为“帮助成绩不好的人找回信心”。

马云的事例告诉我们，人生本应该是一个不断寻找自我的过程。很多人在年轻的时候都拥有很美好的理想，但因为种种原因，总是有人不断掉队、迷失。只有那些不断超越被否定、不断重新发现自己的人，才能够成为真正的强者。否定，是压力，同样也是动力。否定在让人沉沦的同时，也能让人更加清醒。所以，一个人在迈向成功的时候，是非常需要被否定的，被否定让人变得更加坚强。

美国黑人女性的杰出代表、好莱坞当时最红的女明星之一哈莉·贝瑞集美丽、智慧和坚忍于一身。从17岁开始，她就接连不断地荣获令人羡慕的殊荣与奖励。

2001年3月的一天，第74届奥斯卡金像奖颁奖典礼在洛杉矶的柯达剧院隆重举行。此刻，在奥斯卡颁奖的历史上翻开了崭新的一页，傲慢的奥斯卡终于被黑人演员的成就所征服，一扇向黑人演员关闭了74

年之久的奖励大门终于敞开了。哈莉·贝瑞凭借在电影《怪物午宴》中的精彩表演，获得了奥斯卡“最佳女主角”奖，成为奥斯卡历史上的第一个黑人影后。她手捧奥斯卡小金人，兴奋地高高举起。

但是，即使是命运的宠儿，也不可能永远一帆风顺。2005年2月的一天，命运同哈莉·贝瑞开了一个天大的玩笑，将她从人生的巅峰抛到了谷底。在第25届“最差”奖颁奖仪式上，她主演的《猫女》被评为“最差影片”，她也被评为“最差女主角”。她走上了领奖台，用曾经接受过奥斯卡最佳女主角奖杯的那双手，接过了金酸莓“最差女主角”的奖杯，成为第一位亲手接过此奖杯的好莱坞女影星。

金酸莓电影奖设立于1981年，跟奥斯卡奖评选“最佳”相反，该奖专门评选“最差”影片、“最差”导演和“最差”演员等，并且举行颁奖仪式，颁发奖杯。对于这个带有恶作剧意味的颁奖，好莱坞的明星大腕们从不正眼相看，也从来没有一个当红的女明星参加过这个颁奖仪式，更没有一个当红的女明星有勇气亲手接过授予自己的“最差女主角”奖杯。

哈莉·贝瑞在人生的巅峰时没有忘乎所以，认为自己是绝对的成功；在人生的谷底时也没有一蹶不振，认为自己是绝对的失败。她难能可贵地认为，在人生旅途的地平线上，成功与失败同样都是崭新的开始。

她在发表获奖感言时说：“我的上帝！我这辈子从来没有想过我会来到这里，赢得‘最差’奖，这不是我曾经立志要实现的理想。但我仍然要感谢你们，我会将你们给我的批评当作一笔最珍贵的财富。”她最后对大家说：“请相信，我不会停下来，我今后会带给大家更精彩的表演。”

听到这些话，人们给了她一阵又一阵热烈的掌声。

颁奖过后，记者围住了哈莉·贝瑞。有人问：“您为什么不怕丢丑前来领奖?”

她说:“我认为,作为一个演员,不能只听他人的溢美之词,而拒绝接受别人对自己的批评和指责。既然我能参加奥斯卡颁奖典礼并接过小金人,那么我也就应该有勇气去拿金酸莓的奖杯。”

有人问:“您将如何保存这个奖杯?”

她举起手中的“最差女主角”奖杯说:“我要将它放在我的厨房里,我每天都会面对它。它很有分量,就算全世界的赞扬和恭维像飓风一样袭来,只要看它一眼,我就不会被吹到云彩上面去。在许多人都赞扬和恭维的时候,批评和指责的声音是最珍贵的,因为它使人清醒,让人不会头脑发热到找不到自己,所以我一直将批评和指责当作最珍贵的财富。”

当有人请她留言签名的时候,她写下了小时候妈妈千叮咛万嘱咐的一句话:“如果不能做一个好的失败者,也就不能做一个好的成功者。”

成功就像是把一块石膏做成雕塑,需要不断地修正才能最终得到你想要的形状。无论是他人的否定还是自我否定,都是修正的方向和动力。只有不断地接受否定,反思自己,你才能够取得最后的成功。因为有的门关上了,你才不得不寻找新的路;因为有的人离开了,你才不得不遇上新人;因为不断被否定和拒绝,你才开始了自我肯定和接纳之路。

毫无疑问,马云是匹“黑马”,他能够出乎所有人意料成为赢家。“黑马”的“黑”就是因为不被人看好。马云也一样,人们认为他做不到,但是最终他却做到了,进而让那些不看好他的人瞠目结舌。

大家都知道,梅兰芳先生是非常著名的京剧表演艺术家,但是很少有人知道,梅先生其实跟马云很像,他也是一匹“黑马”。

晚清时期，梅兰芳出生于京剧世家，他从小耳濡目染。梅兰芳从8岁起，就常常向父母提出想要拜师学艺的请求。对于梅兰芳这一请求，父母自然是答应，于是他们就开始给梅兰芳物色好的京剧老师。

因为梅兰芳要学的是旦角，一个男孩子学旦角，其中的唱、念、做、打等全都要模仿女性。刚学的时候，梅兰芳入门非常慢，一出戏师父要教他很长时间，通常他还是没有学会。师父受不了了，终于找梅兰芳的父亲说："这孩子实在不行，他根本就不是块唱戏的材料。"

父亲将师父的话告诉梅兰芳，他心里很不是滋味，但并不因此感到气馁，反而下定决心一定要学会唱戏。梅兰芳很用功，老师走了，没人教他就自己学。梅兰芳用心思考，反复练习，一段唱词，别人唱几遍就不练了，他总要坚持唱20多遍。经过刻苦练习，梅兰芳终于练出了圆润甜美的嗓子。

其实，老师拒绝教授梅兰芳的原因还有一个，就是他的眼睛有点近视，没有神，被人形容成"死鱼眼"。一般来说，对于京剧里面的旦角，眼神是极为重要的。这怎么办呢？梅兰芳就养了几只鸽子，每当鸽子飞起的时候，他就紧紧盯着飞翔的鸽子。梅兰芳为了克服这个缺点，他经常注视水中游动的鱼儿。渐渐地，梅兰芳的双眼越来越有精神。以至于后来，人们都惊叹道："梅兰芳的眼睛会说话了。"

梅兰芳在刻苦的练习下，由当初的"不是块唱戏的材料"终于唱成了名角，最后还成了独创一派的京剧宗师，不可谓不成功。

马云说，一个成功者其实更欢迎别人的质疑和否定，因为这些否定和质疑的声音被他们当作鞭策自己的动力，让自己变得更强大。别人越不看好我们，我们越是要努力追求成功。一个人不是做任何事都能够得到别人的掌声的，当质疑和嘲讽的声音困扰你时，纵使没人看好你，你也不要轻易放弃那个不被他人看好的理想，这才是成功者应有的素质。

总有一天你会发现：正因为有的门关上了，你才发现了真正适合自己的路；正因为有人离开了，你才遇上了能真正给你幸福的人；正因为被否定，你才找到了真正的自己！

生活的悲剧不是失败，而是差一点儿就成功

“我困难，还有人比我更困难；我难过，对手比我更难过，谁能熬得住谁就赢。放弃才是最大的失败，假如你关掉你的工厂，关掉你的企业，你就永远没有再回来的机会。”

——马云

在人生的战场上，没有谁是永远的失败者，真正的失败者也许就是主动放弃的人。马云说：“有结果不一定会成功，但没有结果的人一定会失败。”有时候成功与否并不重要，重要的是你能否坚持走到最后，能否等到一个属于自己的结果。

很多人都说马云是一个幸运的成功者，因为他很少遇到什么困难，也没有经历过什么失败，可马云却认为自己的人生有一半时间是活在逆境当中的。阿里巴巴创业初期的资金危机、千年伊始的严冬危机、2001年互联网泡沫危机、淘宝网的信誉危机，各种危机始终在马云身边徘徊。他并不像外界所想的那样轻松，为了解决困难，他曾经每天工作20个小时。

马云从来不会轻易放弃，因为他知道一旦自己扛不住了，想要放

弃了，那么之前的所有努力都会白费，所以每次他都会咬牙坚持下去。马云自认为是一个不达目的誓不罢休的人，他曾经想过将阿里巴巴打造成为中国最大的电子商务公司，如今他做到了，他想要让阿里巴巴上市，他也做到了，他想过让阿里巴巴成为世界电子商务巨头，他也已经做到了。而他之所以能够实现这些理想，就在于他能够坚持，他从来不会放弃自己的梦想，哪怕困难再多再大，他也会想办法一一克服。

将互联网作为自己的事业目标，源于马云的一次美国之行。1995年年初的时候，杭州市政府正在修杭州通往安徽阜阳的高速公路。这是政府招商引资的一个项目，当时一家美国的投资公司参与了这个项目，虽然双方很快达成了一致，杭州政府也开始动工，但工程进行了一年多之后，美国这家投资公司却迟迟没有按期支付合同金。

杭州方面决定派人再去和美国这家公司沟通一下。为了能够确保沟通顺畅，让美国这家公司尽早支付合同金，有人提议，让海博翻译社的老板马云出面，完成这次任务。当时的马云刚刚开始创业，虽然业务开展得并不是很多，但名声在外，很多政界、商界的人物都听说过他。

就这样，马云前往美国去做翻译和协调的工作，可令他没想到的是，本以为是一次简单的工作之旅，却差点成了“有去无回”的惊悚历险。马云后来提起这事儿：“简直就是一部典型的美式风格的好莱坞大片，特别是后来我到了美国被黑社会追杀，我的箱子现在还在好莱坞呢。”

到了洛杉矶之后，美国这家公司绝口不提合同的事情，而是派人带着马云四处吃喝玩乐。马云被安排在一座富丽堂皇的别墅里住着，美国公司派了专人负责照顾马云的起居饮食，但马云是肩负着杭州政府派给他的任务来的，所以对这些并没表现出什么兴趣。

照顾马云的人看出他心不在焉，又提议马云去尝试刺激的玩意儿。征得马云同意后，他们带着马云到了拉斯维加斯赌场。

赌场里到处都是一掷千金的大亨和赌徒，马云不愿赌博，但抱着“既来之，则安之”的心态，就玩了玩赌场里的老虎机，权当过过瘾。

从赌场回来后，马云渐渐感觉有点儿不对劲儿——美国的公司无意与他谈合同的事情。在马云的一再追问下，美国公司才向马云摊牌：他们要马云和他们一起合作，欺骗中国方面，诈取钱财。

原来这是一家骗子公司。

等马云恍然大悟的时候，为时已晚。身处异国的马云被软禁了起来，如果不答应合作，就会面临生命危险。

僵持了几天之后，马云假意答应合作，这才换取了自由。为了能够回国，马云借口要回国考察一些其他的项目。那时对于中国来说，“互联网”还是个陌生的名词，但马云在美国这些日子，多多少少对这个高科技名词有了些了解，所以，他对美国公司的老板谈起了要在中国发展互联网行业，就这样，马云被“放行”了。

在机场，马云没钱买机票。正一筹莫展的时候，他看到了候机厅里的老虎机。他把全部身家——25美分都投了进去，终于在最后一次赢得了600美元。抱着这600美元，马云看到了回国的希望。

但就在他排队买票的时候，心里渐渐感到不是滋味起来。带着杭州人民的希望来到美国，却这样狼狈地回去，实在太不甘心了。马云越想越窝火，他干脆走出买票的队伍，重新思考起下一步的计划来。

忽然之间，他脑海中闪现出他为了脱身而找的借口。互联网这个新奇的事物，马云知晓得甚少，但他在国内的时候，曾听一个外教同事提过自己的女婿在西雅图和人合伙搞互联网。

既然来了，就不能轻易回去。

马云扛起行李，踏上了前往西雅图的路程。虽然互联网是一个陌生的概念，但马云凭着天生敏锐的嗅觉，知道这一定是能够给他带来改变与转机的事物。

是的，很多时候我们在面对困难时，只要再坚持那么一点点就能取得成功。但是就是差这么一步，结果却截然不同。生活中的那些失败者，很多都会停滞在离成功还有那么一点点距离的地方，可是那个地方仍然叫作失败。

因此，我们在任何情况下都不能放弃，在任何情况下都要有一股不达目的决不罢休的韧劲儿。只有坚定地走自己的路，只有耐得住寂寞、耐得住打击，才能炫出精彩人生。

在墨西哥奥运会的马拉松比赛中，坦桑尼亚选手艾克瓦里因为摔伤而落在队伍后面，可是他没有放弃比赛，依然艰难地向前缓行。当他满手血污，脚上缠着厚厚的绷带，坚持在体育馆中跑完一圈又一圈时，观众们都保持肃穆，而在他完成最后一圈时，全场爆发出雷鸣般的掌声。

这一幕被纪录片制作人格林斯潘看在眼里，他非常感动，不过却不理解为什么艾克瓦里要带伤跑完全程，要知道那时候比赛已经结束了，那样根本没有任何意义。艾克瓦里轻声回答说："我的国家从两万多公里之外送我来这里，不是叫我在这场比赛中起跑的，而是派我来完成这场比赛的。"这句话后来激励了成千上万的年轻人。

在生活中，我们也会遇到艾克瓦里这样的问题，有的人在困难来临的时候直接逃跑了；有的人始终看不到什么希望，也放弃了；有的人觉得自己必败无疑，失去了坚持下去的勇气。

到达终点这不仅仅是一个动作，也不仅仅是一个短暂的过程，更不仅仅是一件未完成的事情，这更是一种永不放弃的生活态度，是一种永不放弃的精神。有了这种态度，有了这种精神，万事才能有一个结局，我们所期望的结果才能达到，我们才能对自己的理想有一个很好的交代。

在美国，有一位穷困潦倒的年轻人，在他身上全部的钱加起来都不够买一件像样的西服的时候，他仍全心全意地坚持着自己心中的梦想，他想做演员、拍电影、当明星。

当时，好莱坞共有500家电影公司。他根据自己认真画定的路线与排列好的名单顺序，带着为自己量身定做的剧本前去一一拜访。但第一遍下来，所有的500家电影公司没有一家愿意聘用他。

面对百分之百的拒绝，这位年轻人没有灰心，从最后一家被拒绝的电影公司出来之后，他又从第一家开始，继续他的第二轮拜访与自我推荐。在第二轮的拜访中，拒绝他的仍是500家。第三轮的拜访结果仍与第二轮相同。

这位年轻人咬牙开始他的第四轮拜访，当拜访完第349家后，第350家电影公司的老板破天荒地答应愿意让他留下剧本先看一看。

几天后，年轻人获得通知，请他前去详细商谈。就在这次商谈中，这家公司决定投资开拍这部电影，并请这位年轻人担任自己所写剧本中的男主角。这部电影名叫《洛奇》。

这位年轻人的名字就叫史泰龙。现在翻开电影史，这部叫《洛奇》的电影与这个日后红遍全世界的巨星皆榜上有名。史泰龙在先后共计1849次碰壁面前，没有打退堂鼓，继续坚持不懈，终于在第1850次获得成功。他的事例再次证明了那句哲理：失败乃成功之母。

对于年轻人来说，没有什么困难是克服不了的，只要你能够坚定意志，坚信自己一定会成功，只要你永不放弃。在适者生存的竞争时代，放弃才是最大的失败，放弃了就意味着自己失去了一次生存的机会，却给了对手一次生存的机会，这样会让自己的生存环境更加严峻。

其实，衡量一个人是否强大、是否具备竞争力，往往不在于他取得了多少成功，而在于他如何取得成功；不在于他经历了多少失败，而在于他承受住了多少失败。年轻人应该拥有强大的内心，失败并不可怕，可怕的是失败后一蹶不振。无论何时何地，都要坚持自己的梦想，一个永不放弃的人总是能够赢得更多的尊重，也能够创造更多的机会。

永不放弃是所有成功者必备的特质，因为成功的人总是对生活抱有希望，他们坚信只要不放弃，不停止追求，还是有成功的机会的，而一旦放弃了，就不会再有成功的可能。

失败有点儿狠，也有点儿酸

“我认为，等你什么时候能看别人惨败的经验，看得一身冷汗，你就离成功不远了。”

——马云

成功者和失败者非常重要的一个区别就是，失败者总是把挫折当成失败，每次挫折都能够深深打击他争取胜利的勇气；成功者则是从不言败。

有这么一个年轻人，20岁时大学毕业，由于各种原因，在应聘过程中先后被30多家公司拒绝。找不到工作、心灰意懒的他决定改当警察，因为当时凭借大学生的身份考进警务部门是一件相对容易的事。但是在入围面试的5个人中，他成了唯一被淘汰的那一个。这个年轻人便想自己是不是应该从基层做起，先从事一些最基础的工作来磨炼自己，但当他来到杭州的一家宾馆想做服务员的时候，还是被刷了下来。

后来，这个年轻人又和其他23个人一起到杭州的肯德基应聘，结果在23个录取名单中，唯独缺少的还是他的名字。这个总与失败结缘的年轻人就是马云，也就是现在中国的“互联网大亨”。即便是日后成功的他，在互联网领域，也是不断经历着失败的磨炼。

1996年，马云开始推广他的“中国黄页”，这是他开办互联网公司后第一次失败。当时的中国，互联网的普及范围很小，马云所做的努力被人称为“骗人的勾当”，但马云仍然像疯子一样不屈不挠，出门必与人侃互联网，不断说服客户。就这样，马云的业务艰难地开展了起来。

1996年3月，马云再次遭遇惨败。由于他的“海博”与杭州电信的竞争实力相差悬殊，马云不得不接受与杭州电信合作，致使马云的“中国黄页”资产被折价，仅占30%股份。没多久，马云又一次失败了。由于经营理念不同，马云和杭州电信分道扬镳，他无奈放弃了“中国黄页”，并将自己在“中国黄页”所拥有的21%的股份，全数送给了一起创业的员工。

就这样到了2003年，马云在经历了数不清的失败之后，他终于在互联网领域取得了自己的成功。从2003年开始，马云先后创办了阿里巴巴、淘宝网、支付宝、阿里妈妈、天猫、一淘网、阿里云等国内电子商务知名品牌。马云也曾历任多家公司的重要角色，其中包括阿里巴巴集团董事局主席、软银集团董事、中国雅虎董事局主席等。在经历足够多的失败以后，马云终于守得云开见月明，取得了成功。

人们常说“一滴汗水就有一份收获”，同样，失败也代表着我们正在前进。不要在失败面前变得懦弱，要在失败中学会坚强、自信。失败在我们眼里应该是成功的阶梯，因为我们可以在失败中知道自己哪里有错误，然后去改正。

从商学院毕业的希尔，找了一个速记员兼簿记员的工作。刚刚走出学校大门的他遵照“付出多于报酬”的原则，把自己主要的精力用于工作，取得了老板的信任，因此他晋升得很快，银行也有了存款。就在希尔对自己的未来充满信心的时候，他的老板突然宣布破产，希尔也因此失业了。很快，希尔在一家木材厂找到了一份工作，他的职务是销售经理。虽说希尔对于木材所知甚少，但是第一次工作的经验让希尔对这份工作也同样充满了信心，他相信自己一样可以做得很好。为了做得出色，希尔从来都是主动做事，从来不用老板安排。希尔在新公司取得了不错的成绩。

但生活总是处处充满了危机，就在希尔的第二份工作开始稳定并稳步发展时，1907年的美国金融危机袭击了很多商家和银行，希尔一夜之间“破产”了，大恐慌夺走了他在银行的每一分存款。

万般无奈下的希尔又找到了第三份工作——汽车推销员。做销售经理时，希尔积累了丰富的销售经验，这下有了用武之地。再加上希尔一贯以“付出多于报酬”为信条，在他的努力下，销售业绩突飞猛进。在工厂站稳脚跟的希尔，在汽车厂开设了一个把一般工人训练成为汽车装配与修理工的培训部，这个培训部很红火，希尔又一次接近成功的彼岸。

后来希尔的个人奋斗史受到了银行的关注，银行经理毫不犹豫地把钱借给希尔发展事业。这位银行经理不断借钱给希尔，直到希尔无力偿还，然后银行经理接手了希尔的事业。希尔再一次成了穷光蛋。

后来在家人的帮助下，希尔成了一家大煤矿公司的首席法律顾问。但是希尔很快就辞掉了工作，因为这对希尔来说太没有挑战性了，稳定的生活让他和挑战越来越远，他渐渐开始看不到自己的潜力了，所以他重新做了一个选择，选择去芝加哥重新开始他的事业。

希尔在芝加哥很快就找到了一份工作，在一所大规模的函授学校担任广告部经理。但是希尔对广告了解甚少，由于之前有过推销的经验，再加上希尔运用“付出多于报酬”的原则，很快希尔就东山再起崭露头角。

之后希尔和一个合伙人开始合伙生产糖果，他们组建了贝丝·洛丝糖果公司，希尔是第一任总裁。他们的生意越来越好。

就在希尔感觉自己就要成功时，另外两个合伙人企图吃掉希尔在公司的股份，于是他们捏造莫须有的罪名，使希尔被捕，并提出要想让他们撤销上诉，就必须把股份让给他们。

第一次清楚人性虚伪的希尔，并没有报复他们，而是原谅了他们对自己的伤害。

第一次世界大战结束之日，站在窗口的希尔开始回顾自己20多年来的人生，写成了《希尔黄金法则》，并最终出版。

试想如果没有获得这么多失败的经验，希尔怎么能够成为一个著名的畅销书作家呢？这些都是他所经历的挫败和失误带给他的经验和智慧，都是他人生宝贵的财富。

因为经历过太多失败，所以他比别人更能领悟到对在哪里，成功在哪里，怎样才能成功，成功的智慧是什么，法宝是什么，所以他成功了。

人生就好像是在跳舞，一个舞点儿踩对了，后边的点儿才有可能顺利踩对。但是若放弃了纠正这一步的错误，后边的舞步就全乱了。

所以有的人能赶上点儿，有的人却始终赶不上，原因就在于是选择坚持还是选择放弃。

也许我们每人内心都有一种坚持的信念，我们要做的就是把它挖掘出来，这样才能在无数次失败后越挫越勇。也许这些失败有点狠也有点酸，但这对我们的成长是大有益处。所以，屡次失败而心灰意懒的人们，咱们应该振作精神，将失败化作拼搏的动力，相信只要不气馁，总能够获得成功。

即使失败了，也要拒绝借口

“那时候知道有一点是肯定的，那就是我失败的概率很大，但是我跟自己讲了这句话，即使我失败了，我回到大学教那些失败的经历，我还是最好的老师。”

——马云

生活中，谁都可能遇到困难，遇到一些难以轻松跨过的坎儿。有的人习惯于面对困难想办法克服，绞尽脑汁也要找到解决的办法。而有的人则习惯于寻找借口。但借口只能让人逃避一时，不能让人如意一世，结果，他为自己找到了借口，却失去了别人的信任。

失败者整天把时间花在找借口上，为此他失败了；而成功者则相反，他们把大部分时间花在如何才能成功上，一直在不断地寻找成功的方法，所以他成功了。

其实失败本身并不可怕，可怕的是失败得没有价值。一个人虽然失败了，但如果他能总结失败的教训，知道自己为什么失败，从失败中寻找出成功的方法，那么，失败对他来说就是无价之宝，比成功的经验还重要。

马云从来都不喜欢看讲成功的书，他只看讲失败的，从失败中分析怎么去做，从成功中去反思。罗马哲学家席内卡说：“你若是一个人，就应该崇拜那些尝试过伟大事业的人；即使他们失败了，也值得赞美。”任何人都会遭遇或大或小的失败，有的时候，不能够只以成败论英雄。

美国成功学家格兰特纳说过这样一段话：“如果你有自己系鞋带的能力，你就有上天摘星的机会！让我们改变对借口的态度，把寻找借口的时间和精力用到努力工作中来。因为工作中没有借口，人生中没有借口，失败中没有借口，成功也不属于那些寻找借口的人。”面对困难和挑战，你习惯找借口还是习惯找方法，决定了之后能否成功。成功者千方百计，失败者千难万难。一个人，如果只会找借口的话，那这个人是一个永远不会成功的人。

上帝对每个人都是公平的，虽然福勒家境不好，但是他却有一个伟大的妈妈。一天，妈妈对福勒说：“福勒，我们不应该贫穷。我不愿听到你说，我们的贫穷是上帝的意愿。我们的贫穷不是上帝的缘故，而是因为你的父亲从来就没有过致富的愿望。我们家中的任何人都没有产生过出人头地的想法。”

妈妈的一席话让福勒受益匪浅，甚至可以说是改变了他的一生，让他彻底摆脱家庭贫穷的阴影，走向了一条成功之路。

妈妈告诉他不是因为上帝没有眷顾他们，而是因为福勒的父亲从来就没有致富的想法。于是，“我要致富”的想法深深地植根于他的内心，从此以后，他不再抱怨上帝，他觉得是自己没有努力。他记住

“我要致富”的理想，只为了这个坚定的信念，他开始了艰辛而又坎坷的追梦之路。

一开始，为了以后经商和致富能有更多的经验，他在零售百货店里当了三年推销员，从小伙计开始做起。在当推销员的三年里，他不断地去调查和了解市场，看看哪些商品最畅销，消费者习惯买什么样的商品，在调查的过程中，他还结识了很多顾客。就这样，他开始决定自己创业，并把肥皂作为经营的产品。

另一段旅程又要开始了，他拿着肥皂挨家挨户地进行推销。期间，吃了不少的“闭门羹”，也受到很多的谩骂和讽刺，但是在困难面前，他仍然没有退缩，遇见问题就想着怎么解决，没有抱怨，没有寻找借口，就这样，转眼间十几年过去了，虽然家里的生活一天天改善，但他并没有想停止的意思。他想获得更大的成功。

功夫不负有心人。一次，他听说有一个供应肥皂的公司想要出售，他们的出价是15万美元。在这么多年的推销生涯中，他才攒了2.5万美元，可是他非常想买下这个公司。资金不够怎么办？而且还差很多，他想了一下：“也许凭借自己这么多年推销中认识的客户和朋友，向他们借点应该可以，况且自己又赢得了不少客户的信任和赞赏。”于是，他开始行动起来，他亲自上门向这些客户求取贷款，同时靠自己的朋友支援。在几天时间里，他筹集到了10万美元，还差2万多美元就可以达到目标了。他心急如焚，实在想不出什么办法了。

望着窗外的夜景，他沉默了。最后的2万多美元怎么办？他看着看着，突然发现，透过窗子，可以看到一束光，那里正是61号大街一幢大楼的一间办公室。他想这个人一定还在办公室，要不然找他借2万美元？没时间考虑了，他立即起身去了那间办公室。

他径直走向办公室，敲门之后才发现这是一个承包商事务所，里面确实有一位疲惫不堪的人在办公。福勒很勇敢地向那位疲惫不堪的人表明自己的来意，然后直截了当地问道：“你想赚1000美元吗？”令他惊喜的是，双方很快达成了协议。

福勒兴奋极了，他终于按时拿到收购肥皂公司的合约了。很快，在他的经营下，公司迅速壮大。而后，福勒一鼓作气收购了7家公司，包括4个化妆品公司、一个袜子公司、一个标签公司和一家报社，拥有了股份和控制权。母亲的希望和福勒的梦想变成了现实！

每个不凡的人一定有着常人难以比拟的坚强和勇敢，不管你面前是怎样的困难，你都应该知道拼搏后总不会比现在的境遇更差。

当人们陷于某种困境时，周围的一切似乎都与自己为敌，这个时候，若是一味躲避，解决不了任何问题，反正也没有什么可失去的，还不如努力想想怎样扭转现状实在。强者和弱者的分别正在于此。一个有勇气直面困难的人才算是勇者，才会成为强者；一个只会躲避的人永远都无法超越自己，更得不到理想中的成功。

失败者之所以失败，就在于他们面对困难总是千方百计地找借口，而不是找方法。借口就是一个推卸责任、掩饰弱点的“万能器”，如果你总是把宝贵的时间和精力放在如何寻找借口上，那么你就会忘记自己的义务和责任；借口还是一张敷衍别人、原谅自己的“挡箭牌”，它会扼杀你的创新精神，让你从此变得消极颓废；借口更是鸦片，让你一而再、再而三地去品尝它，它会逐渐地让你变得心虚、懒惰，遇到困难就退缩，最终毁灭你的自制力，使你变得堕落、丧失自信、无法成功。

有重要项目，就派失败过的人上去

"阿里巴巴最大的财富不是我们取得了什么成绩，而是我们经历了这么多失败，犯了这么多错误，我说阿里巴巴一定要写一本书，讲阿里巴巴曾经犯的错误。这些错误，你听了会笑着说，那时候（我）也犯过。所以，有一天如果有重要项目就不要派常胜将军上去，要派失败过的人上去。失败过的人，会把握每一次机会。"

——马云

失败的滋味是苦涩的，但它所包含的道理却是甘甜的。失败与成功各有各的价值，而在大多数的情况下，失败经历的价值还要更大一些。因为成功了，一般人会疏于思索，易于自满；而失败则会逼着他们去思考，逼着他们去面对挑战，总结经验，跨过困难与失败，从而攀上成功的顶峰。

1999年，马云遭逢人生的第二次失败，就在丁磊带着网易北上的那天，马云却带着自己的队伍南下回了杭州。

当马云离开"中国黄页"时，对外贸易经济合作部对马云说："到北京来吧，来这儿你能干得更好！"就这样，马云带了5个年轻人到了北京。马云在北京租了一个不到20平方米的小房间，没日没夜地干活儿，给外经贸部做站点，让外经贸部成为了中国第一个上网的部级单位。

马云当时做得不错，外经贸部另立一家公司——EDI（中国国际电子商务）中心，由马云组建、管理，马云占30%的股份，外经贸部占70%的股份。但实际上，马云一个月就几千元的工资，其他什么也没有。

时间一长，马云发现很多事在政府的编制里很难做，存在着许多说不清的问题。当时人们都说马云与外经贸部的合作是中国的“梦之队”，但事实上是怎么一回事谁也不清楚。

怎么办？马云天天思量。留在北京吗？机会倒是有，比如新浪和雅虎都希望马云去加盟。但马云发现北京的网络太浮躁，在这里面很难做成一件事。还在企业里面吗？可马云已经受够了。马云还觉得中国的网络形势已经开始发生变化，全世界互联网高潮马上就要到来，留在政府里对不起这千载难逢的良机。想来想去，马云最终决定南下。

当时马云只是认为电子商务的主要聚集地不应靠近信息中心，而应靠近企业中心，没想到这一决定使阿里巴巴得以躲过后来的血雨腥风。

当年互联网经济处于最低潮时，《IT时代周刊》这样描述了阿里巴巴的脱颖而出：过去两年，北京的互联网企业就像电梯从天堂一层层地下落到地狱，几乎没有一个互联网英雄能够脱离集体疯狂，也没有一个能够逃离疯狂后的灾难。而依托于杭州的阿里巴巴，如今已无可争议地成为中国最好的B2B电子商务企业。

阿里巴巴创立之初，那时候正是互联网泡沫盛行之时，在巨大的利益面前，阿里巴巴也有些迷失方向，开始急速扩张，以至于在互联网泡沫破裂后，他们不得不进行裁员。

到了2002年，阿里巴巴的资金链出现了问题，所拥有的资金只够维持18个月。当时，阿里巴巴网站的许多用户都在免费使用服务，并没有什么赢利能力。而马云等阿里巴巴的高层也不知道该如何获利。正巧那时候，他们开发了一款产品，为中国的出口商和美国的买家牵线，正是这项业务拯救了阿里巴巴。

到2002年年底，阿里巴巴终于实现了赢利，跨过了盈亏平衡点。自那以后，公司的经营业绩每年都在提高。

英国文学家萧伯纳说："一个尝试错误的人生，不但比无所事事的人生更荣耀，并且更有意义。"一个人的成长过程，本身就是一个不断在失败中寻找与把握机会的过程，没有失败就无所谓成功，就像腐朽的土壤中可以生长鲜活的植物那样。只有当我们能够以平和的心态面对失败时，我们才能够成熟，才能收获。而那些失败的经历，也将成为我们生命中的一笔财富。

美国有一位名为道密尔的企业家，他专门收购一些濒临破产的企业，而这些企业到他的手中则会"起死回生"。曾经有人问他，为什么会对这些失败过的企业"情有独钟"？道密尔说："正是因为失败过，我知道了它失败的地方，那样我就不会犯同样的错误了，这不是要比自己一切从头开始容易得多吗？"将别人失败的经历变成自己的财富，这大概就是道密尔成功的秘诀了。

一代枭雄曹操一生中曾经历过六次重大失败：濮阳攻吕布，宛城战张秀，赤壁遇周郎，华容逢关羽，割须弃袍于潼关，夺船避箭于渭水。但他依旧秉持着"周公吐哺，天下归心"的雄心壮志，也正是这些失败，奠定了他后来的成功。失败也是一笔财富，不经历风雨怎能见彩虹，没有失败的痛苦哪里会有成功的喜悦。

和田一夫是日本著名的企业家，他1929年3月2日出生于日本静冈县热海市一个以经营蔬菜为生的家庭。然后凭着一己之力，将一家乡下蔬菜店，建设成为在世界各地拥有400家百货店和超市，员工总数达28000人，鼎盛期年销售总额突破5000亿日元的国际流通集团。在20世纪80年代到90年代初期，他的八佰伴集团在16个国家拥有400多家百货公司。

但是在1997年的时候，由于过度扩张和市场定位不准，八佰伴集团宣布破产。一夜间，和田一夫变成一个连累八佰伴股东和员工的罪人。他交出所有财物，向企业界告别，搬到一个租来的两房一厅居室。

但是和田一夫并未就此倒下，在经历了最初的痛苦、伤心、绝望之后，他在书本之中寻找慰藉。他非常喜欢看《邓小平传》，他还说："邓小平最后一次从失败中站起来时是74岁。之后，他提倡改革开放，留下丰功伟业。而当八佰伴倒闭时，我才68岁，我深信还有机会东山再起。"

后来，70岁的和田一夫设立经营顾问公司，并开办国际经营塾，决心将自己的经营经验和教训传授给年轻的经营者们，NHK电视台等日本传媒称其为"不屈之人"。和田一夫说："火凤凰必将重生，在燃烧自己后，会再创新天地，大不了从零开始。"

中国有一句老话：老马识途。正因为老马走过无数的道路，经过无数的坎坷，才能在每个坎坷之上留下心底的记号，下一次从此经过时，便可以一跃而过，才能识途！而失败不正是小马驹们走上成长道路的小坎坷吗？抓住那些可遇而不可求的失败机会，认识失败，承认失败，利用失败，从中总结出经验教训，从而走向更广阔的天地。这又何尝不是一种成功呢？

大家都知道诺贝尔，他的成功可是来之不易的。他的一生都在失败—总结教训—改进—再失败—再反省—再改进的循环之中，但他从没有放弃，不断努力，寻找失败的原因，让失败成为通向成功的"垫脚石"，从而取得了一般人难以企及的成就。

所以，我们不要在意失败的痛苦，鼓起勇气抓住当下的机会和未来的成功，失败一次不代表一生失败。想要取得成功，就要不断努力。不要畏惧失败，要勇敢地去尝试，通过自己的努力实现长久以来的梦想。

轻信别人，这就是你失败的开始

“最大的失败是放弃，最大的敌人是自己，最大的对手是时间。”

——马云

面对质疑，有些人选择了妥协、打退堂鼓，最终成功也和他们无缘；另一些人则选择了无视，他们坚持做自己认为对的事情，成了最后的成功者。要想成功，不仅要经历失败与挫折，还要体验孤独、沮丧和折磨。只有经受过痛苦考验的人，才有获得最后成功的资格。请坚持自己的目标与信念吧，不要害怕别人的质疑，要时刻记住，当别人开始说你是疯子的时候，你可能就离成功不远了。

马云在三亚香格里拉和乡村教师分享经验的时候，有一个老师讲到了，现在老师不受人尊重，很多地方看不起老师，对教师有误解。他感觉很痛苦，坚持不住。马云这样对他说：

“其实这个天下没有一个职业不会被人指责，无非你希望这个职业好或者不好，你自己对自己要有尊重，只有你真正爱这个工作的时候，其实你是不太在乎别人怎么看的。当老板有钱了，也被人骂，当领导了，当政府官员了，也被人骂，当科学家也被人骂，关键你要听的是骂的人，还是关心那些欣赏你的人。”

马云强调说：“要做任何行业、任何一个职业，都会有人批，我以前当老师的时候，我特看不起商人，我觉得商人不就是挣点钱吗，唯利是图。但是我做了十几年，1995年到现在，也快二十年了，二十年创业的经验告诉我，当商人真不容易，我现在自己作为一个商人特别骄傲，当然我当老师的时候，我也特别以自己为骄傲。”

也许生活中大多数人在大多数时候都会不由自主地去相信别人的意见，放弃了自己的想法。我们应该像马云一样，不管在怎样的情况下，都坚持自我，向着自己认为正确的方向走。

有一个大学生，毕业后并没有去应聘在外人看来非常有前途的职业，而是回到了家乡，做起了收废品的工作。

他骑着三轮车走街串巷，挨家挨户地收着废品。人们时不时地可以见他在垃圾堆里捡拾垃圾。人们嘲笑他，他并不介意，说：“垃圾不过是放错了地方的宝物。”他忠于自己的选择，热爱这份职业，因为，他有他的理想、他的抱负。

诚然，大学生捡垃圾，这倒是一件稀奇事，因为稀奇，所以人们都照顾他，这倒给他带来了大量的生意。

但他的举动还是引起了一片质疑声。在他所在的城市中，他成为了流言蜚语的主角，成为了人们茶余饭后所谈论的对象。

有人说：“有好好的工作不干，却去收垃圾，他简直疯了。”

有人说：“花了那么多的学费，却换来了一份在垃圾堆里滚爬的工作，简直玷污了大学生的名声。”

有人说：“本来一个多么优秀的人，看来就这样在散漫中堕落了，在无为中荒废了，实在是可惜啊。”

有不少人带着自己的孩子从这个大学生身边经过，便暗暗指着大学生教育自己的孩子，说：“要好好学习，做个有出息的人，找个有出息的工作，不能像他这样，自毁一生。”

这个大学生，已然成为了家长教育孩子的反面人物，但他并没有抱怨什么，也没有自卑，依旧脚踏实地去做，更加乐观地面对人生、面对未来。

不久以后，他用自己收废品所赚来的积蓄买了一辆汽车，开了一家废品收购站。他不再为收废品而奔波，而是有更多走街串巷收废品的人将废品送到了他这里。因为废品太多，一个人忙不过来，他招了几个员工，成为了老板。

有时候，他开着汽车从大街小巷中经过，人们见了，不禁发出了这样的疑问："一个捡垃圾的人也可以开上自己的汽车吗？"紧接着，人们又相互发出了这样的感慨："一个捡垃圾的人，即使开上了汽车，又有什么好神气的？"

但他并不在意别人的眼光，因为，他自有他的过去、现在与未来，这是别人无法干预的。

又不久以后，他又开了一家废品收购站，又添了几个员工。接着，又开了一家，又添了几个员工。转眼间，十年过去了，这个城市的每个地区都有他的废品收购站，都有他的员工。

他，一个曾经落魄的大学生，一个备受嗤笑的无能者，现在已成为一个大老板。

这时，他开着豪华轿车穿梭在大街小巷中，人们见了，恍然发现，这正是他们所羡慕的人生。于是，人们一改往昔的态度，纷纷赞叹道："看人家大学生过得多么富有、多么潇洒、多么体面、多么成功！"

这时的家长再次教育自己的孩子时，说道："你要成为像那个大学生这样有出息的人。"

有一次，一位记者在采访他时，问："是什么力量支持着你直到成功的那一刻？"

这个大学生说："是信念，不论你选择做什么，只要坚持去做，大胆去做，直到做到了最好，那么，你就成功了。"

每个人都是一只水晶球，晶莹闪烁，然而一旦受到他人的非议：“你不够闪烁，你不够漂亮！”有的人或许就会让自己在黑夜中悄悄消殒，但是，欣赏和肯定自己的人不会因此而放弃光芒，而是抓住机会，将世界上五颜六色的光折射到自己生命的各个角落。

心理学大师马斯洛将人的需要分为五个层次，最低层次是生活保障，即要吃饱穿暖，最高的层次是得到他人的认可与尊重。每个人都希望得到他人的认可与尊重，期望得到荣誉，因为它们可以令人精神上受到很大的鼓舞。但是，在很多时候，刻意想去得到他人认可的人往往并不是那些最终能取得成功的人。

很多原本有先天优势的人，因为在相信他人的时候放弃了自己，最后落得一败涂地。这些人就是因为太过在意别人的看法，没有主见，最后陷入了窘境。

一个少年，在懵懵懂懂中，心高气傲，志在做成一件大事，取得伟大的成就。为了得到别人的支持与信任，他逢人便滔滔不绝地说出自己的宏图。

但别人听了，并没有祝福他宏图大展，而是不以为意地说：“你一个初入社会的少年，有什么资格谈论伟大的志向？或许你志在必得，或许你孺子可教，或许你信誓旦旦，或许你梦想成功，但不论你有多少个‘或许’，只有一个必然而肯定的结局，那就是这一切的一切，只是你的一厢情愿，而并非事实的本来面目。”

少年茫然了，问：“我就没有一点儿成功的资格吗？”

别人都说：“是的，没有。”

少年听信了别人的话，在平凡中等待着。转眼间，少年变成了青年，他又想起了儿时的梦想，又燃起了成功的斗志。但他依旧没有胆量去追求，于是，又开始向别人咨询一些意见。

但别人听了，并没有祝福他马到成功，而是不屑一顾地说：“你的志向太伟大了，不是你的力量所能及的，古今中外，能够取得这样成就的人才有几个？你仅是一个平凡的人而已！记住，成功不是那么容易的，如果容易，人人都可以成功了，但事实上，绝大多数的人都是平凡的，还是在平凡中安分守己吧。”

青年失落了，问：“我就没有一点儿成功的希望吗？”

别人都说：“是的，没有。”

青年又听信了别人的话，在平凡中适应着。转眼间，青年变成了中年人。中年人在不堪平凡中又想做成一件大事，为了鼓舞志气，他一如既往地向别人征求意见。

但别人听了，并没有祝福他心想事成，而是有理有据地说：“圣人有言，三十而立。而你已过了而立之年，人生还没有什么起色，也就是说，你在大好时光中都没有成事的力量，以后就更加困难了。”

中年人无奈了，问：“我就没有一点儿成功的力量吗？”

别人都说：“是的，没有。”

中年人落寞了，就这样日复一日，年复一年。岁月不居，时节如流，转眼间，中年人变成了老年人。老年人不想就这样在平凡中结束一生，希望发挥余力，获得成功。这时，他更不自信了，依旧向别人询问。

别人听了，并没有祝福他老当益壮，而是感到不可思议地说：“虽说姜尚八十，方才建功立业，但你是那样的人吗？记住，纵然你有雄心万丈，现在你已力不从心。接受吧，这平凡的人生，这就是你人生的现状。”

老年人绝望了，并在绝望中死去。就在死去的这一天，他见到了上帝。一见面，便问道：“为什么我一生没有任何成就，这是命中注定的吗？”

上帝不答，只问道："你为什么不去追求成功呢？"

这个人说："因为，别人都不支持我，都不相信我，我又如何去成功呢？"

上帝说："如果你一直相信自己，并取得了成功，别人还会怀疑你、反对你吗？"

这个人听了，哑口无言。

上帝说："其实，你的成败，并非取决于别人，而是完全取决于你自己。更多的人之所以一生庸庸碌碌，并非他们没有梦想，也并非他们不想成功，就是在于他们总是怀疑自己，最终放弃了自己的梦想。"

这个人终于有所觉悟了，然而，生命已逝。他唯有无限遗憾地怅然叹道："人生中最大的失败，就在于不相信自己，从而放弃了自己的梦想，人生最终一无所成。"

每个人都会在乎别人的看法，但是，任何事物都有一个"度"，一旦你常常让别人的看法代替自己的看法，这就是一个危险的信号了。虽然人都是群居动物，难免有从众心理，但是人生的路还要靠自己走，如果你一味地人云亦云，被人牵着鼻子走，最终将迷失自己，得不偿失。

赞许固然能够使我们高兴，别人的意见也经常可以促使我们改进、反省和进步。但是，别人尤其是普通大众的眼光，一般都是过于平庸的，没有建设性的，我们如果过多听取别人的意见，人生道路也许会因此平坦很多，但是如果想要攀上事业的高峰就变得不可能了。

因此，当别人的意见与你不一样时，先看一看提意见的人，如果他本身就不够成功，那又有什么能力来劝解你呢？请像马云一样，放弃依赖吧，时刻记住这个世界上最靠得住的人只有自己。

每一个低谷都是崛起的最好机会

"嗅不到冬天味道的CEO不是合格的CEO。"

——马云

每一个低谷都是人生中最珍贵的经历和宝藏。你不能改变人生，但你能改变自己，拥有正确的态度，掌握正确的方法，带着自信与力量上路吧。

只有在经历了人生的跌宕起伏之后，仍能保持自我的力量与智慧，仍能守住生活的平衡，你才真正拥有了希望、快乐、力量和宁静。

支付宝总裁邵晓锋依旧记得马云这句话："嗅不到冬天味道的CEO不是合格的CEO。"这便是说，马云能知道自己的低谷期，并且能保持沉着冷静地渡过这个低谷，因为他已经渡过了太多太多的"冬天"。

上市后不久，阿里巴巴副总裁卫哲几次接到马云的电话，"出什么事了？今天股票怎么跌这么多？"3个月后，马云再没问过股价的事。卫哲忍不住问马云是不是应该采取点措施。马云眉角一挑，说道："你再仔细考虑一下，这家公司你是做一年还是要做几十年？"

阿里巴巴股价从最高的41.80港元一度跌到最低的3.46港元，很多人翘首期盼，等马云做出回应，其中既有投资者，也不乏竞争对手，甚至有小股东写信给他，要求他回购股票以提振股价。但马云丝毫不为所动，以冷静的心态挺过了"冬天"，最终迎来了春天——阿里巴巴的股价恢复了正常。

这件事过去后，马云在东京演讲时还自我调侃。“阿里巴巴忽地从13港元涨到40港元，但是我们也没做对什么事情。”马云用手上下比画道，“‘嗖’地又掉到4港元，我们也没有一件事做错了。”台下哄堂大笑。马云还说，“我们如果对后辈讲，阿里巴巴的股价曾经掉到了3港元，也许我们的后辈根本无法相信吧。”

如马云一样的成功者都经历过黑夜，每位成功者在追求目标的道路上，都曾在失败的黑夜中饱尝煎熬。他们或被拒绝，或被轻视，或被排挤，他们努力一次又一次地睁大眼睛，却只能看到黑暗，看不到半点成功的曙光。然而这些成功者都没有消沉，而是坚定地度过了漫漫长夜，最终迎来了黎明。

网易CEO丁磊上大学时也只是班里的一个成绩中等偏上的学生，毕业后他回老家宁波做公务员，这样一份体面又稳定的工作对他和家人来讲都应该很满意，可是丁磊却给自己制造了一个“小麻烦”，他辞职了。

辞职后，丁磊追随南下的打工潮，来到了广州，成了一名普通的打工仔。但是在激烈的市场竞争中他所在的公司出现了危机，丁磊只好无奈地离开。

在经历了三次跳槽、三次事业的夭折之后，经过长时间的思考，丁磊在1997年5月开始自己创业，创立了现在的网易。

由于在创业之初做了充分的准备，网易出现以后在很短的时间内就在同行中小有名气了，网易于2000年6月30日，在纳斯达克股票交易所正式挂牌上市。可是出人意料的事情发生了，在当天股票收盘时，网易的股价跌破了15.50美元的发行价，跌至15.12美元。作为网易的主承销商的美林证券公司和德意志银行也因此遭受了不小的损失，开始不断给网易施压。在网络经济开始大幅回落的情况下，这种压力使得网易一步步走向失败的边缘。

2002年7月，网易因未能呈报年度报表而被迫停牌，不久之后，网易又因涉嫌财务欺诈，被迫停牌四个月。

万般无奈的丁磊只能硬着头皮继续撑下去。经过一段时间困顿不堪的挣扎和努力，网易公司股票又于美国时间2003年1月2日上午恢复交易。此后，丁磊对网易进行了方向性的调整，网易逐渐起死回生。2003年，网易全年实现赢利3.23亿元，迎来了发展的第二春。

看过丁磊的成功史，或许不少人就会沉思：我们不能光看到成功人士站在领奖台上的辉煌和灿烂，更应该看看他们背后的辛酸，这些对我们来说才是更为宝贵的成功经验。

丁磊的成功事实上就是一个一次次跨过失败的门槛，一次次重新再来的过程，纵然他失败了，却没有放弃，而是毅然爬起来，重新上路，所以丁磊成功了。

所以，遇到失败停滞不前的我们，没有资格埋怨自己的不幸，我们的失败不是因为挫折的阻隔，而是因为，失败了，我们就调转方向了，没有了跨过失败的勇气，也就看不到成功向我们招手了。

我国古代有两名了不起的军事家，分别是孙膑和庞涓，他们年少时一起跟随鬼谷子学习兵法。因为鬼谷子隐居山中，所以他们和外界接触的机会不多，同窗情谊变得更为珍贵，平时以兄弟相称。

他们从师几年后，魏国国君开始四处招贤求才，庞涓本就不喜欢山中的寂寞，想着也是时候一展才华了，便拜别了鬼谷子，下山入仕去了。而孙膑则认为自己学艺不精，还有很多东西要学，所以依旧跟在鬼谷子身边。

庞涓下山那一天，他对孙膑说："我们是八拜之交，情同手足。若是我能够在魏国闯出一片天，一定上山来迎你下山，和我一同建功立业。"

就如庞涓预料的那样，到了魏国没多久，他就成了元帅，掌握了兵权。他率兵一次次地让周边的诸侯国臣服，名声大振。不仅百姓拥戴他，就连魏国国君都非常敬重他。

就在庞涓建功立业的这段时间里，孙膑潜心研究兵法，有了突破性的进展，此时的他能力早已在庞涓之上了。魏国有人听说后，马上报告国君，力荐孙膑。魏国正值用人之际，国君听说之后，便派人请孙膑下山。

听说魏国有人举荐自己，孙膑第一时间想到的就是自己的同窗庞涓，但事实并非如此，此时的庞涓因为功成名就，早已张狂自大了，他根本就没有想到过孙膑。当二人在朝堂上相遇之后，并没有预想中的那种感动，孙膑自是激动，但庞涓只是表面上的开心。他发现魏王很敬重孙膑，而在自己四处打拼的这段日子里，孙膑显然已经比自己更有能力了，他不愿意孙膑在自己的身边做比较，这样他迟早地位不保。

于是，庞涓假意让位，背地里却做起了手脚。他使计离间魏王和孙膑，让魏王误解孙膑，而他却装好人，一边安慰孙膑，一边又在魏王面前说他的不是。最终，孙膑遭刑被削掉了膝盖骨。此时，孙膑才意识到自己被曾经的兄弟算计了。

庞涓陷害孙膑之后，并没有打算放他走，而是将他关了起来，想要套出他跟鬼谷子后来学的那些兵法。虽然被同窗陷害心里难过，但孙膑并没有沉浸在这种痛苦中，他不甘心就这样失败！为了出逃，他装疯卖傻，庞涓见孙膑已经疯了，料想也套不出什么有用的东西，便放松了警惕。

曾经举荐过孙膑的那个人不忍见孙膑过这样的生活，于是书信一封，将孙膑的能力和境遇报告给了齐国大将田忌。田忌觉得孙膑是个人才，就趁着庞涓不注意的时候救走了他。孙膑获救，为了报答田忌的救命之恩，也为了报仇雪恨，他开始辅佐田忌，不断进献良策。

最终，田忌和庞涓对战，孙膑用自己的计谋围困住了自大的庞涓，一雪前耻。而庞涓则因急火攻心，吐血身亡了。

刘同说："人生何处不低谷。如果你停止，就是谷底。如果你还在继续，就是上坡，越是低谷的时候，越能看出一个人的本质。"

人生总有低谷时，事实上，低谷并不可怕。我们常说任何事都像一枚硬币一样，有正面就有反面，有反面也必然有正面，我们要善于利用积极向上的一面。

失败是和成功相伴的，没有失败，人们就品尝不到成功的味道。然而失败也和痛苦相伴，这才是人们所不能接受的。实际上，失败并没有想象中那样可怕，如果你过度沉溺于失败带来的痛苦和挫败，那么你就永远找不到前进的方向。

失败并不意味着一无所有，它也可以看作是人生的一个警示牌，通过失败总结经验教训，改变对策，重整旗鼓，才能以更好的姿态拥抱成功。在失败中善于做一个"淘金者"，才能找到自己真正需要的东西。

第七章

人生是体育比赛，要学会竞争与合作

马云：“人家说‘你为什么对足球那么感兴趣？’我对足球本身没有兴趣，但是足球对于中国未来带来的东西是非常重要的。今天我们乡村的孩子们，也对足球、篮球等群体运动极其重要。”

“人生就是体育比赛，只有不停地竞争才会成长。虽然我们可能会在竞争中遭遇无数失败，也可能受到无数挫折，但也会得到更多的经验和教训。这些经验和教训能让我们跑得更快，让我们不断超越自己，超越他人。亲爱的朋友们，请明白竞争的重要性，时刻激励自己去与别人竞争。只有不断努力地参与竞争，并在竞争中跑得比别人快的人，才是真正的成功者。”

越竞争，越进步

“金庸小说里讲到有些顶尖高手是寂寞的，如独孤求败。以前看，我觉得不能理解。现在我明白了，没有对手，就没有发展的动力，没有创新的源泉。”

——马云

激烈的竞争在当代社会随处可见，每一个人都难免会遇到对手，面临竞争的挑战、利益上的你追我赶、荣誉面前的你争我抢。此时，大多数人内心的平衡被打破，会对竞争对手产生怨恨、畏惧、逃避等消极心理。

事实上，这是一种非常狭隘的思维方式。这是因为，竞争所给予我们的，不仅仅是危机和斗争，它还是一剂强心针，一部推进器，一个加力挡，是能够激发我们求生和求胜之心的动力。

阿里巴巴从创业时的小规模开始，不断和各种对手竞争，不断迎接各种挑战。力量小的时候，它和国内的同行竞争，在艰难的环境中存活下来，并且日益壮大。后来阿里巴巴成立了淘宝网，说白了就是要和eBay、雅虎等国际巨头竞争，当时很多人都认为马云脑子不够清醒，因为eBay是当时世界最大的电子商务公司，市值7亿美元，淘宝和它斗无疑是鸡蛋碰石头，蚍蜉撼大树。可是淘宝还是诞生了，虽然一开始eBay公司似乎完全看不见淘宝，但是淘宝很快便使用了免费的“杀招”，马云下令3年免收服务费。这一举动被eBay看成是傻瓜举动，它认为双方的战斗将在18个月内结束。可是淘宝利用这一举措很快就突破了eBay的封锁，并且迅速壮大起来，最终一举超越eBay。

经过几年的PK（对决），那些曾经最大的竞争对手都被阿里巴巴征服了，雅虎中国被阿里巴巴收购，eBay则被淘宝远远甩在了身后。马云曾经自豪地说："望远镜里找不到对手。"尽管很多对手不服气。事实就是这样，阿里巴巴已经一骑绝尘了，至少在国内市场是这样。但是马云认为自己并没有到松口气的时候，他觉得阿里巴巴应该继续和别人竞争，不能重蹈eBay公司的覆辙，所以阿里巴巴还要继续在PK中成长。

说到竞争，很多年以前，阿里巴巴就有上市计划了，那么为什么要上市？为什么要走向国际呢？阿里巴巴就是要勇敢地接受其他电子商务巨头的挑战，就是要和国际上各种对手掰手腕，这样才能够进一步提高自己，才能够更好地生存下去。

马云长期以来都在替阿里巴巴寻找对手，因为他明白想要获得生存和发展，最好、最直接的方法就是和对手竞争，就是在竞争中提高自己的适应能力、应变能力。就像一个表演者一样，如果他害怕站到舞台上，害怕和其他人演对手戏，害怕接受别人的挑战，那么他就永远也上不了台面，永远也成不了舞台上的主角。

为了吸引更多的游客，动物园从遥远的美洲引进了一只剑齿豹。据说，这种剑齿豹非常的勇敢凶悍，它们一天能够捕捉三只羚羊，而其他的美洲豹再拼劲儿，一天也就只能捕捉一只羚羊。

为了能够让这个"远方贵客"吃好玩好，动物园的管理员们每天都会为剑齿豹准备精美的饭食，还特意开辟了一个不小的场地供它活动。可这么好的生活条件，剑齿豹不但不感兴趣，还始终闷闷不乐，整天无精打采。

动物园的管理员以为，可能是剑齿豹对新环境不大适应，过一段时间就好了。谁知道两个月后，剑齿豹还是老样子，它甚至连饭菜都不吃了，奄奄一息。这下园长可着急了，连忙请来兽医多方诊治，可是没发现剑齿豹有任何毛病。

就在这时有人提议，不如在剑齿豹生活的领域放几只老虎，或许能让剑齿豹打起精神来。原来人们无意间发现，每当有运送老虎的车辆经过时，剑齿豹就会站起来怒目相向，严阵以待。这个办法果然很有效，剑齿豹很快就恢复了往日的活力。

从这个故事中，我们得知大自然的法则是“物竞天择，适者生存”。没有竞争，就没有发展；没有对手，自己就不会强大。正是竞争的存在，推动了我们的前进；正是对手的存在，催化了我们的成功。

的确，一个人如果没有对手，自己又缺乏上进心，那他就会甘于平庸，养成惰性，最终庸碌无为；一个群体如果没有竞争对手，就会丧失活力，丧失生机；一个行业如果没有了对手，丧失了竞争的意志，就会因为安于现状而逐步走向衰亡。

有人说：“对手永远是自己的一面镜子。”因此想要超越自己，就要先和镜子中的那个对手相较量，不去和对手竞争，永远不知道自己的实力有多大，不知道对手的实力有多大，也不知道社会竞争的强度有多大。所以一个人、一个企业只有在社会大环境中和别人竞争，只有懂得接受各种挑战，才能够试一试社会的深浅，才能够帮助自己更好地成长壮大起来。

阿尔是一位摔跤运动员，他十分热爱摔跤，却不敢去参加比赛，他害怕被人打倒在地。每当他在电视上看到，擂台上摔跤运动员为了争冠军摔得鼻青脸肿时，他就更加不敢上台比赛。

阿尔的师父曾经是一位非常厉害的摔跤运动员，退役后做了教练。师父看出阿尔在摔跤运动上很有天分，一定可以成为摔跤界的明星。但是，阿尔不敢上台接受挑战，让师父十分头疼，他想尽了各种办法，鼓励阿尔上台，但阿尔就是不肯。眼看阿尔的年纪一天比一天大，却还没有参加过正式的摔跤比赛，师父看在眼里，急在心上。

但阿尔就是克服不了心中对竞争的恐惧，虽然他也向往在擂台上打倒对手的成就感，但一想到被打倒的可能是自己，就无法上台。师父不允许他继续逃避下去，强行将阿尔带到了比赛擂台上。

站在擂台上，看到强壮有经验的对手，阿尔十分紧张，他很快就被打倒在地。无论师父在一旁怎么鼓劲，他都爬不起来。虽然阿尔被打得很惨，但师父还是带他上擂台，阿尔一次又一次被打倒，一次又一次登上擂台。

终于有一天，他开始能够击倒对手了，他击倒对手的次数越来越多，比他被打倒的次数多了起来。在被打倒和打倒对手的过程中，阿尔蜕变成了一个厉害的摔跤手。在一次比赛中赢得冠军后，阿尔对师父说："只有被狠狠打倒过，才能绝地反击。"师父欣慰地笑了。

我们不应该消极地排斥对手，而应该积极地面对对手，主动参与到竞争中去。此时，对手会促使我们不能退缩、不能松懈，时刻保持无穷的动力，我们必然能激发出自己最大的潜力，进而彰显出最优秀的自己！

马云无疑是一个敢于竞争的企业家，阿里巴巴在他的带领下，在竞争的浪潮中越磨砺越厉害，最终蜕化成蝶。当然，竞争也不是一味地拼财力、拼实力，有些时候也需要拼胆识、拼智慧。在竞争比拼的过程中，难免会受伤遇挫，但这些磨难正是助你成长的东西，只有经历过这些，你才能成长得更加茁壮。

对此，马云形象地比喻道："就像武侠小说里所描写的，一个有资质的人才总会在一次又一次的比武中得到一些非同寻常的顿悟，进而功力大增。"

由此可见，对于一个想干出一番事业的人来说，他们会将竞争当作自己不断努力的动力，无所畏惧地参与竞争，积极地迎接对手的挑战。也正因为如此，他们才能不断地成长和强大，为成功打好坚实的基础。

总之，竞争是一剂强心针，一部推进器，一个加力挡。面对竞争对手时，最好的做法就是相信自己，敢于迎接挑战、积极备战。唯有如此，我们才能不断得到进步和成长，生命也才会更精彩。信守这个道理，你就会是最大的赢家。

没有对手的人是孤独的

"碰上了竞争对手后，我不会为所谓的斗争感觉到累；相反，我在其中找到了乐趣。竞争是极其快乐的活动，只有竞争存在，企业才有发展和进步的动力及可能。如果没有了竞争，很快，企业也将走向下坡路。在竞争的时候不能带有情绪，要发自内心地感受快乐。"

——马云

当今社会，竞争无处不在，人们总会主动或被动地卷入竞争中。有人喜欢竞争，喜欢与对手一争高下；有人讨厌竞争，畏惧对手的挑战，尤其是比自己强的对手。

有些人之所以害怕竞争对手，主要是害怕对手将自己打败，将自己挤出舞台，逼退至不起眼的小角落。其实，竞争没有什么大不了，有竞争才会有进步和突破。很多时候，我们以为是对手将我们逼到无路可退，而实际上真正使我们陷入被动的正是我们自己。

日本北海道是著名旅游地，这里盛产味道鲜美珍奇的鳗鱼，海边的许多渔村都以捕捞鳗鱼为生。但鳗鱼的生命力很脆弱，一旦离开深海区，不过半日便会死去。

很多渔民在捕捞鳗鱼返回岸边后，因为不知道怎么安置鳗鱼，从而导致其全部死去。但很奇怪，有一位老渔民在每次捕捞完鳗鱼返回岸边后，鳗鱼还总是活蹦乱跳的。由于鲜活的鳗鱼价格要比死亡的鳗鱼价格贵出一倍以上，所以几年下来，其他渔民都只是维持温饱，而那位老渔民却成了远近闻名的富翁。

老渔民在临终之际，把使鳗鱼不死的秘诀传授给了儿子。原来，老渔民会在整仓的鳗鱼中放进几条叫狗鱼的杂鱼，狗鱼和鳗鱼是出了名的"死对头"。几条势单力薄的狗鱼遇到可怕的对手，便惊慌失措地在鳗鱼堆里到处乱窜，这样一来，反倒把一船舱死气沉沉的鳗鱼给刺激活了。

这个故事说明了谁都需要对手。有了对手，才会有危机感，才会有竞争力，才能不被充满竞争的社会淘汰。

马云2004年在成都网商论坛上的演讲明确表达了对竞争对手的态度："我一直认为如果没有竞争对手是很孤独的，阿里巴巴孤独了5年，我们应该互相学习，商场竞争永远不需要打口水仗。阿里巴巴尊重所有进入这个市场的竞争者。市场上竞争者越多，市场越大，机会越多。我给大家一个建议：要把竞争对手当作你的产品研究中心。我对阿里巴巴对手的态度是：尊重、欣赏、学习！”

2005年8月11日，中国互联网历史上诞生了最大的一宗并购案。阿里巴巴（中国）网络技术有限公司正式宣布收购雅虎中国所有业务，包括门户网站、雅虎搜索、即时通信及拍卖业务等，同时还获得雅虎10亿美元投资，而雅虎则获得新阿里巴巴35%的股份。并购雅虎中国后，阿里巴巴将互联网领域所有当红的概念与业务集于一身，包括电子商务、门户、搜索和即时通信。它对当时的中国互联网业带来的冲击是空前的，成为了所有中国网络公司的竞争对手。在电子商务领域里面，它遭遇了eBay这个全世界最强大的竞争对手；在搜索领域，它碰上了世界上发展速度最快的公司——Google公司和中国发展态势迅猛的百度公司；在综合领域，它被新浪、搜狐、网易等公司当成了竞争对手。

在强敌林立的情况下，马云却很享受：竞争最大的价值，不是战败对手，而是发展自己，竞争者是你的磨刀石，把你越磨越快，越磨越亮。

马云对自己和团队非常有信心，他曾说：“竞争是难免的，阿里巴巴从来不怕竞争，但是我觉得竞争的主要目的并不是为了打败谁，也不是为了赢得谁，竞争的主要目的，是为中国真正做一个持续发展、世界一流的搜索引擎，我相信凭借雅虎的技术，凭借阿里巴巴的管理团队，特别是阿里巴巴拥有强大的客户资源，我相信在搜索引擎里阿里巴巴一定能够有所建树。”

马云说：“在一个行业里，一枝独秀是不行的，也是危险的。中国的事情凡是三足鼎立才能使一个行业发展起来，至少做大三家才有钱赚。一个很好的例子是TOM（移动互联网公司）进来了，三大门户网站之间不打架了，为什么？因为大家都成熟了，这个行业也渐渐成熟了。”

在B2B领域，阿里巴巴一直是孤独的，对此马云既欣慰又遗憾。他积极并购雅虎（中国），把阿里巴巴置于整个互联网行业的竞争中心，他是自讨没趣吗？不是，马云很清楚，有竞争才有发展。

年轻人在日常的工作生活中，应该学习马云对待竞争的这种态度。在日复一日的日子中，不妨给自己找些竞争对手，要知道竞争会给我们增加压力，甚至让我们产生焦虑，但另一方面，它可以激发我们的潜能，让我们满怀希望，朝气蓬勃，对个人的发展是极其有利的。

17世纪英国的斯图尔布里奇市，有一个名叫理查德·弗利的铁匠，一直从事着铁器制造行业。

起初，凭借着传统的精湛工艺，弗利的铁器厂在铁器制造业中一直处于前列。后来，瑞典的铁器商发明了一种叫“分裂法”的新工艺，制造出的铁器不但又快又好，而且成本也低。这样就对弗利及其同行的地位构成了严重的威胁。

弗利不甘心自己一手经营的产业就这样输给瑞典人，他决心去学习和掌握这种新的技术，运用瑞典人的成果，与之相抗衡。弗利以前曾经是个乡村小提琴手，做过走街串巷卖艺的行当。

于是，他便利用这个先天条件，假扮成一个流浪艺人，去欧洲大陆巡游。他走遍了比利时、德国、意大利等欧洲的各国，秘密收集铁器行家们的技术资料。最后，弗利终于来到了瑞典。他扮成一名铁器工人辗转反复地到多家工厂做工，终于总结出了“分裂法”工艺的秘密。

弗利立即回到英国，并说服了以前的朋友与他一起采用新工艺制造铁器。经过多次艰苦的试验，他成功了，新研制的“分裂”机终于在斯图尔布里奇问世。这一成功使弗利重新有了与瑞典人竞争的能力，再次确立了他在铁器制造业中的权威地位，从而为弗利家族走向富翁的行列奠定了基础。

以人为镜可以明得失，有对手是件好事。它能让我们发现自己的不足，学习别人的长处，不断提高自己。没有对手，就没有动力。正是因为对手的存在，我们才能不断地超越自我，突破极限。真理就诞生在与对手的不断较量中。

不管是被竞争对手马不停蹄地追赶，还是拼尽全力追赶竞争对手，都会让人感觉到疲惫，甚至心力交瘁、力不从心。有人甚至会因此咒骂对手，认为是对手给自己平添了一道道烦人的坎儿。诚然，对手给我们带来了很多忧患，但不能因为这样，就无视对手所具有的积极意义。

一个人如果没有竞争对手施压，就很容易失去忧患意识，变得贪图安逸，只想坐享其成，而这样是不会有大出息的。想一想，不正是因为对手的存在，我们才能不停歇地向前行进，才能快速进步吗？

横冲直撞只有死路一条

“碰到一个强大的对手或者榜样的时候，你应该做的不是去挑战它，而是去弥补它，做它做不到的，去服务好它，先求生存，再求战略，这是所有商家的基本规律，你还没有站稳脚跟就去跟人家挑战肯定是不行的，先生存再挑战，这样赢的机会就会越来越大。”

——马云

在这个社会上，竞争是难以避免的，这时最怕硬碰硬，硬碰硬的结果只有一个，那就是两败俱伤，尤其是面对强大的敌人，正面攻击只会伤敌三分，自损七分，得不偿失。这个时候，最好的方法是避重就轻、避实就虚，找到敌人的薄弱环节去壮大自己。

2003年，在很多大城市的公交车身上，能看到很多夺人眼球的美女广告。这实际上是马云在与eBay之战中，采取“农村包围城市战略”的结果。

当年，阿里巴巴花1亿元打造淘宝，而eBay则宣布将投放1亿美元用于eBay的推广。eBay利用自己强大的资金实力，买断了几乎所有主要大型网站的广告，在合作协议中明确，这些网站不能再和淘宝合作。这样一来，马云虽然抱着孙正义投资的滚滚白银，却花不出去。这对于处在上升期、急需网络流量的淘宝网来说，几乎是被切断了生机。

2003年，马云在淘宝全体员工大会上发表讲话：“现在敌人已经采取行动，要将我们扼杀在摇篮里，我们一定要想出其他的办法。世界上不是只有一条路通向罗马。古代兵书讲战斗应‘避实击虚’，毛主席的‘农村包围城市’战略与此如出一辙，又分明‘青出于蓝而胜于蓝’。毛主席能想出农村包围城市这样创造性的军事理论，我们也可以拿来用一用。eBay不是控制了大城市吗？我们就到农村去，到敌人防守最薄弱的地方去壮大自己。”

马云制定的“农村包围城市”战略就是避开被eBay掌控的大型网站，转而与大量小网站合作。国内小网站星罗棋布、数量庞大，其整合难度是非常大的。淘宝并没有被巨大的困难吓倒，他一步步地整合中小网站的资源，一点点地推广淘宝。没想到，这个下下之策，竟然起到了非常好的效果，广告效应甚至超过三大门户。到2006年5月，淘宝占据的市场份额已近70%，eBay已无还手之力。

马云此举，也是被逼无奈。但是，这一逼却逼出了另一个天地，那就是垂直网站、论坛和个人网站的巨大传播力。事实证明，这个

“农村”根据地对淘宝贡献巨大。在这次竞争中，马云巧妙运用毛主席的“农村包围城市”的战略，收到了非常好的效果。

马云的“农村包围城市”战略诠释了以弱胜强的真理。商业竞争中，许多实力雄厚的大企业往往依仗其雄厚实力排挤弱小的中小企业；或是两家实力相当的企业常常在一起争个你死我活，最终两者都被削弱，都得不着好处。这样的情形，一味地硬碰硬的竞争，结果要么是两败俱伤，要么是弱的先倒下。

对于这样的竞争，不但是与竞争对手旗鼓相当的企业不能争，实力弱于对手的企业更是不能去争。在这种竞争形势下，不妨退后一步，避开锋芒，向着竞争对手薄弱的环节下手。即在最主要的功能上投入远比竞争对手多的优势资源，而放弃其他的非战略性功能，从而创造其他公司所不及的战略优势。

对于个人来讲，这个道理同样适用。面对强大的竞争对手，不要硬碰硬。人无完人，再强大的对手也有薄弱的地方，瞄准薄弱点，积蓄全身力量发起攻击，一定能战胜强大的敌人。

雍正在登上帝位之前，曾做了45年的皇子，在这45年里，他就历经了长达30多年的皇储之争。这场至高权力的角逐争夺牵涉到朝廷内外的所有人，因为每个人都想为自己的将来或多或少地铺点道路，以致朝野上下党派林立，各类争权夺利之事时有发生，而康熙本人更是为此事操心不已。

康熙有35个皇子，最初胤礽被立为太子，但由于其好大喜功，贪得无厌，为了早日登上皇帝的宝座，不惜与其党羽一起谋害其父。康熙发觉后，痛下决心，于康熙五十一年将胤礽永久废除。胤礽被废之后，一轮新的太子争夺战风云又起。比较有影响力的有胤禩、胤祉、胤禵和胤禛（雍正）。

胤禩为八皇子，性情豁达，好施舍，广结人缘，因而支持他的人最多，朝廷内外的许多官员都向康熙保举胤禩，有的甚至还向皇帝施压。然而康熙并不吃这一套，当他看到胤禩的身后竟然有如此庞大的势力时，他感到了威胁，不但没有立胤禩为太子，还革其爵位，令其反省。

看到胤禩如此下场，胤禛冷静思考之后，认为只有韬光养晦，不动声色，才有取胜的可能，风光越足反而会败落得越快。因此，胤禛处处注意自己的言行，谨小慎微，从不表露争储之心，即使是对身边的人，他也隐藏自己的心事。

例如，胤禛的亲信戴铎在给胤禛的信中，提出储位之争的策略，其言之细，深为胤禛设想考虑。然而胤禛在给戴铎的回信中却写道："语言虽则金石，与我分中无用。我若有此心，断不如此行履也。"

事实上，胤禛对于戴铎的策略非常赞同，但戒备之心不可无，以至故意如此回复。因为此时的他，只有处处隐忍，不露风头，夹起尾巴，才不会被击败。

在众多的竞争对手之中，胤禛的优势并不明显，胤祉以其年长，有学识，深得康熙的重视和宠爱；胤禵身居要职，手握兵权，并且曾立下大功。因此胤禛从不敢奢望，认为康熙会将皇位传给他。但当他听到皇位将可能传给胤禩、胤禵时，心中却有说不出的苦恼与不快，于是他采取了另外一种手段，即外松内紧的策略，以期能博得帝位。

胤禛经常与僧侣往来，建设寺宇，把自己打造成"天下第一闲人"，并写了《悦心集》一书，书中尽述其愿与僧侣为伍，过一种清静无争的恬淡生活。例如书中的《隐居词》《知足歌》等，都是一些向往田园生活，教人与世无争之词。胤禛在此时所写的这些诗词，一方面起到了蒙蔽对手及康熙的作用，另一方面也是其在权力争夺中失意的表现。而实质上，胤禛是决不会甘于寂寞，放弃争储的大好机会的。他采取了戴铎给他的建议，实施多种方法，扩大自己的力量。这主要有如下几点：

一是想方设法取得康熙的宠爱。胤禛深知获宠是争夺储君至关重要的一步，于是他先从康熙的性格脾气着手，最后得出要想获宠就不能太显露自己的争储之心，更不可操之过急，只能慢慢地树立自己的形象。因此在康熙面前，他总是非常小心，从不露出任何急躁、争权的痕迹。

例如康熙四十八年，胤禛被封为亲王。受封时，胤禛对康熙说："我现在的爵位已经很高了，您又封我为亲王，可是胤祺、胤禟他们却还只是贝子，大家都是兄弟，这样一来，恐怕会有人说闲话的，请父皇将我的爵位和赏赐分给兄弟们吧。"

胤禛的这番话正合了康熙的口味，康熙非常重视兄弟骨肉之情，看到自己的骨肉相互争斗，不免伤心，因此胤禛的话无疑是针对康熙心病的一剂良药，他不但没有把胤禛的爵位降低，反而更加重用他了。

二是谨慎处理好与其他兄弟之间的关系。在皇兄皇弟面前，胤禛从不显露自己，虽然大家心中十分清楚谁都有夺位的欲望，但是胤禛却处处表现出自己的亲切和善。例如，当胤禩在遭到皇帝谴责时，胤禛就多次上奏，为胤禩说好话，希望康熙不要追究胤禩的过错。康熙五十五年时，胤禩得病，此时胤禛正陪同康熙在外巡视，但是他却向皇帝请示，要求回京探视胤禩。

对于以前的皇太子胤礽，胤禛也是一样表示拥戴和尊敬，甚至被认为是太子党，当胤礽再次被废时，胤禛也曾上奏请求复立胤礽为太子。

胤禛在兄弟面前表现的种种假象，起到了很好的隐藏作用，为自己赢得了极高的声望。

三是加强联络文武百官。无论权位高低都进行笼络，以便在朝野内造成一种舆论——胤禛是首选皇储；同时又大力培植党派势力，并将这些人安放在各个职位上，为其夺取皇权打好基础。

胤禛为了能多拉拢一些官员，经常邀请官员上府套近乎，并让手下人帮他一起积极地与官员们联系，唯恐漏过一个。有一次，胤禛想拉拢礼部侍郎蔡珽，就派手下人去请。蔡珽是一个极其谨慎的人，加上康熙也曾下过命令，不许结党营私。于是蔡珽便以自己身份不便与王府来往为理由回绝了。

过了段时间，胤禛又派年羹尧去邀请蔡珽，可是蔡珽仍然不接受。胤禛在几次碰壁之后，仍不放弃，继续寻找机会。终于，在一次蔡珽去热河行宫向皇帝辞行的路上，胤禛见到了蔡珽。他与蔡珽交谈时，推心置腹，并热情地将左副都御史李绂介绍给他，从此蔡珽便成为胤禛的心腹。

经过他的精心挑选，终于形成了一股小小的势力。虽然人数不多，但都精明能干。例如总督年羹尧、布政使戴铎，以及步军统领隆科多都是胤禛的死党。

以隆科多为例，隆科多是胤禛养母孝懿庄皇后的弟弟。他先前与胤礽亲近，胤礽倒台后，他转而投靠强大的胤禩集团，后来他发现胤禩不被皇上看中，于是他才选择了胤禛。而胤禛也是看中了隆科多的步军统领职位，认为他大有可用之处，便将其收为心腹。

从后来的情况看，胤禛与隆科多确实都达到了各自的目的，胤禛在隆科多的暗中帮助下，获取了胜利。隆科多在胤禛当上皇帝之初，也确实得到了重用。

胤禛的夺储之战，历经坎坷，在这长达数十年没有硝烟的战争中，胤禛成功地运用了避实就虚的策略，万事戒急戒躁，隐忍下来，厚积薄发。这一“避”字的灵活运用，使他终于实现了皇帝之梦。

无论做什么事，都不可能总是一帆风顺，尤其是那些有抱负、想要有大作为的人，必定会遇到更多的不如意和考验，很多时候都需要避实就虚，暂时躲避开敌人的锋芒，然后积聚实力，让自己变强，找到敌人最薄弱的地方狠狠一击。

拼搏是进取，但不是有勇无谋一味向前冲，在必要的时候，要懂得运用智慧去思考，选择更合适的方法。这样才不至于让你的热情被现实冲散，才不会让你之前的努力全部白费。

竞争的最高境界就是双赢

“其实没有对手也活得不简单，这是一个生态系统，不是把狮子全灭掉了以后，羊群就活得很好，未必。所以我觉得我们今天阿里在做的不是一家公司，我们更像一个生态系统，在这个生态系统里面，需要各色各样的动物，各色各样的植物，形成整个体系。”

——马云

“双赢”强调的是双方的利益兼顾，即所谓的“赢者不全赢，输者不全输”。多数人所谓的双赢就是大家都有好处，至少不会变得更坏。“双赢”模式是中国传统文化中“和合”思想与西方市场竞争理念相结合的产物，而和谐与竞争的统一才是我们需要达到的最高境界。

马云对阿里巴巴的对手所持的态度是：尊重、欣赏、学习。他认为竞争是件好事，因为市场上的竞争者越多，就说明市场越大，机会也越多。马云将竞争对手当成“竞争队友”而加以感谢，因为在竞争中，他可以从对手身上学到长处以补己之短，让自己保持活力不断向前。

2011年5月，京东宣布弃用支付宝，刘强东公开表示，京东与支付宝终止合作主要是因为支付宝费率过高，京东每年要向支付宝付出几百万元乃至上千万元的费用，这令其难以承受，已经损害京东客户的利益。京东与淘宝开始了第一场正面交锋。

2011年10月24日晚，双方矛盾进一步明朗化。京东商城CEO刘强东发布微博指责，“一家网站未经允许直接抓取我们的所有产品评价”，并称之为“鸡鸣狗盗”行径。购物垂直搜索网站一淘很快挺身应战，直接回应称，“作为购物搜索，就是要让互联网透明，给消费者实惠”，这是京东与淘宝系较量的第二季。自此，双方的争斗就从没停止过。在一些重要媒体的重要广告位置上，京东和天猫总会同时出现。京东商城把Logo（标志）换成了“天狗”，跟天猫敲尾叫嚣，“双11”大促期间，双方在促销政策、物流配送等多方面施展浑身解数，让业内感叹，“双11”就是一场激烈的“猫狗大战”。

台下是一群看热闹的看客，台上的马云却很无辜。他认为，所谓的电商大战并不存在，“‘双11’并不是电商大战，我们也不知道跟谁战，也没什么战的。”他认为，消灭竞争对手未必会赢，想打败竞争对手的话，这个公司就会变成职业杀手，这是毫无意义的。竞争对手可能在你走向成功和顺利的过程当中增加一些麻烦，但这些麻烦不是企业发展的关键，企业发展的关键应该是怎么帮助你的客户成长起来。

对于外界议论纷纷的自主经营平台和开放式平台，哪一个更能代表电商未来的这个问题，马云认为两者不矛盾。“我们是帮助无数自主经营的卖家，要想打败一个开放平台，那有点儿不靠谱。如果你是个开放的平台，你不应该去打败自主平台，而是应该支持自主平台成功。”马云说。

淘宝与京东的竞争，年复一年愈演愈烈，消费者看得热闹，当事人却一直很冷静，最主要的是，这一来一往的争论让双方都成为了最终的获利者。2009年，天猫商城推出“双11”促销策略，当年销售额为0.5亿元，经过三年的市场酝酿，到了2011年，销售额跃升到了33.6亿元。之后两年，京东和天猫开始了“双11”大促的争夺战，到了2013年，“双11”期间，天猫以350亿元的交易额成功收官，实现了十几倍的大跨越，京东销售额25亿元，比2012年翻了3番。在双方的争夺中，“双11”从一个普通的数字变成了购物狂欢节，整个市场被炒热了，双方都是其中的获利者。

在竞争中，炒热市场，共同获利，马云告诉我们，这才是竞争的最高境界。

在过去，人们通常把市场比作蛋糕，如果多个对手都想在这块蛋糕中分走一块，那自己就会少得一块，所以竞争的焦点是“掐死”对手。新的竞争方式则不然，它不再基于“少一个对手，自己就能多得一份”的原则，而是与对手共同去创造一块更大的蛋糕而分之。竞争的焦点不再是抢蛋糕，而是如何做一块更大的蛋糕。

竞争并非只有“消灭”对手，在有些情况下，接受对手的存在并善待竞争对手，同样能够促进自身的发展。如果以消灭对方为目的只会破坏整个团队的和谐，与对手在竞争中共同发展，才能为组织创造最大的价值，组织中的每个人也才会成为最大的获利者。

百事可乐和可口可乐一直是年轻人的最爱，两者各有一大批忠诚的拥护者，这为它们各自的发展起到了保驾护航的作用。

最初，可口可乐一家独大，百事可乐并不起眼。为了安身立命，在二十世纪六七十年代，百事可乐给自己定下了“赶超可口可乐”的目标。在进行了充分的市场考察后，百事公司推出了一系列吸引客户的促销计划，并请众多大牌明星代言，开始一点点吸引年轻顾客，大有击败可口可乐之势。

可口可乐公司在意识到自己即将失去市场领导地位后，大为震惊，马上召集市场专员对市场形势以及百事可乐的优势做出详细分析。根据分析报告，可口可乐公司重新制定一套出色的营销策略，力图将百事可乐远远甩在后面。为了不被可口可乐再次落下，百事公司开始从企业文化入手，将百事可乐进一步打造成独具特色的品牌。

就这样，两家公司开始了不死不休的争斗，结果却创造了这样的历史纪录：在接下来的5年中，饮料业的创新比之前20年间的创新还要多，两家公司的市场份额都达到了历史最高水平。

可口可乐公司与百事可乐公司曾为了争市场而展开了半个世纪的激烈竞争。可它们的竞争是“未必要打倒敌人”。当大家对百事可乐和可口可乐之战兴趣盎然时，双方都是赢家，因为饮料大战引起了全球消费者对可乐的关注，大家都来喝可乐。可乐大战给我们的启迪是，并非只有“消灭”对手，才是促进自身发展的唯一途径。在有些情况下，接受对手的存在并善待竞争对手，也同样能够促进自身的发展。

很多实例都说明了对手就像是推动我们不断进步的一双手。当我们被对手追赶，并很可能被超越时，我们才会毫不懈怠、全力以赴地奋力拼搏，这让我们始终向着更好的方向发展。所以，面对和自己匹敌的对手时，我们应该以欣赏的目光去感谢他们。

其实，能有一个强劲的对手，反而是一种福分，因为一个强劲的对手会让你时刻都有危机感，会激发你更加旺盛的精神和斗志。敌人的力量会让一个人发挥出巨大的潜能，创造出惊人的成绩，尤其是当敌人强大到足以威胁你的生命时。敌人就在你的身后，只要你一刻不努力，生命就会有万分的惊险和危难。

帮助对手就是成全自己

“朋友、客户甚至竞争对手都是你最好的公关，一个好的斗士必须尊重他的对手。”

——马云

马云是一个人脉大师，他善于广交朋友，其中就包括他的竞争对手。他会与竞争对手进行热烈的争论，并把这种争论作为一笔财富，因为最了解自己的往往是竞争对手，在与他们的相处中，能更好地完善自我。

一直以来，马云“树敌”不断，先是阿里巴巴由一个电子商务中介商，成了天下百货商场共同的竞争对手；后来支付宝变成银行业的竞争对手；再后来他又入侵物流业，抢食传统快递行业的奶酪，成为众多物流商的竞争对手。之后，马云又放言正面挑战商业地产，希望通过网购的力量把商业地产虚高的价格打下来。在2012年年初的CCTV（中国中央电视台）经济年度人物颁奖盛典上，马云和王健林就“10年后电商在中国零售市场份额能否过半”设下1亿元赌局。马云宣称：“如果王健林赢了，那么是整个社会输了，是这一代年轻人输了。”

不断入侵，不断抢别人的地盘，不断树敌，不断招惹嫉恨，却又屹立不倒，马云的秘诀在于：和对手保持亦敌亦友的关系。

2007年9月在杭州举行的中国网商大会上，郭台铭和马云曾唇枪舌剑，他们提出的象蚁之争让人印象深刻。郭台铭坚持企业做大才是生存之道；马云却认为"船小好调头"才是网络时代的大势所趋。马云说："我的梦想是要把富士康这种巨无霸企业打得七零八落，让大家都有饭吃。在网络时代，欠缺弹性的大象，肯定会输给能合力搬走大象的小蚂蚁。"但郭台铭对马云"小就是好"的看法不以为然，网络时代能让大企业如虎添翼，影响深远。两个极端的人，第一次会面，确实大吵了一架，但随后在多次合作中已经变成了可以谈天说地的朋友。

马云是沈国军的竞争对手，又是他的朋友。2011年，淘宝网大玩"双11""双12"促销活动，一路所向披靡，银泰百货等传统卖场的地盘被抢了七八成，于是沈国军对马云恨得牙根痒痒。但是两年后，先是阿里联合银泰集团、复星集团、富春集团、顺丰、申通、圆通、中通、韵达组建了一个新物流公司"菜鸟网络"。银泰集团董事长沈国军出任菜鸟网络CEO，马云出任董事长。接着，阿里巴巴集团宣布与银泰达成战略合作，探索线上线下（O2O）的融合。作为双方合作的第一步，银泰集团将参与天猫"双11"活动，以线下35个实体店相关资源支持天猫一年一度的促销。

马云是eBay全球CEO约翰·多纳霍斯的竞争对手，又是他的朋友。当年，淘宝和eBay打破头的时候，在外人想来，约翰·多纳霍斯恨不得一举灭了马云和他的阿里集团。但事实上，约翰·多纳霍斯说他们自始至终都是好朋友。原来，早在约翰·多纳霍斯刚刚加入eBay的时候就已经认识了马云。马云主动走到了他的房间，毫不忌讳地和他进行各种深度交流，马云的坦诚、热情以及激情让约翰·多纳霍斯折服，于是两个人的友谊就这样形成了。

美国商界有句名言："如果你不能战胜对手，就加入到他们中间去。"与你的对手到底是做竞争对手还是做朋友，这取决于你的商业智慧和人生阅历。丘吉尔有句名言："世界上没有永远的朋友，只有永远的利益。"从利益最大化的角度出发，我们与朋友应该"既做朋友，也做敌人"。而从竞争的角度出发，我们与对手应该"既做竞争对手，又做朋友"。

战国时期，有一个小国叫中山国。司马熹是这个国家的相国，他勤于政事，在与国君商讨国家大事时，常常忘记了时间，有时候一谈就谈到了半夜。而中山国国君也十分愿意听他的谋论和规划，常常为此忽略了后宫，这让后宫一众嫔妃对司马熹很不满，其中敌意最大的就是国君的宠姬阴简。

一逮到机会，阴简就在国君面前说司马熹的坏话，渐渐地，国君对司马熹的态度就真的有所转变。司马熹知道阴简对自己的敌意后，觉得绝不能坐以待毙。

没过多久，机会就来了。战国七雄之一的赵国为了互通有无，专门派了一位使者出使中山国。对于赵国来使，小小的中山国自然不敢怠慢。国君专门命司马熹寸步不离地陪伴在赵国使臣身边，嘱咐他决不能有一点怠慢。

在一次宴会上，使者无意间看到了貌美的阴简，赵王喜好美人，四处寻找，使者便在回国后将在中山国的见闻告诉了赵王。使者对赵王说："我曾经游历过许多国家，阅美女无数，自认为没有谁比得上中山国国君的宠妃阴简。她容貌倾城，仪态婀娜，就如下凡的仙女一样。"

这番话让赵王蠢蠢欲动，想到中山国不敢开罪自己，于是再次派使者出使中山国，请求中山国国君把阴简送给自己。

中山国国君生平最宠爱阴简，哪里肯相送。但如果不给，以赵王的气势必会报复中山国，很多百姓便会因此蒙难。

就在中山国国君左右为难、束手无策之时，司马熹找到他，向其进谏："臣有一个办法，既可以回绝赵国，又可以避免百姓罹受侵略之苦。"

国君高兴万分，忙问是何办法。司马熹便建议国君立即册封阴简为王后，这样赵王为了维护双方体面，便会放弃要人。国君马上照办，就这样，中山国保全下来了，阴简也顺利地做了王后。

阴简因为司马熹向国君谏言册封自己为王后，不但不再忌恨司马熹，反而对他感激涕零，尊重有加。司马熹终于摆脱了不利局面。

硬碰硬地消灭敌人并不能显示出我们的智慧，因为与之对峙的同时，我们自身的精力也会有所损耗，而用和对方交朋友的方法消除竞争对手就高明很多。

帮助对手，和对手交朋友，我们就会少一个竞争对手，少一份危险。有些情况下，由竞争对手转变而来的朋友，更能帮助自己成就一番事业。所以，帮助竞争对手不但是保护自己，更是为自己找到更大的助力。

每当大地回春，便是沙丁鱼向近岸做生殖洄游、返回大海的时节。尽管沙丁鱼数量庞大，密如星斗，但在返回家园的过程中，它们像训练有素的军队一样，始终排着整齐的队伍。在它们身后，猎食的海豚队已经悄悄追随了很多天，只等在适合的时机和水域向它们下手。

当沙丁鱼们随着海水的"洋流"进入浅水海域时，海豚队会突然冲出去，将其中一部分沙丁鱼截断，使它们和大部队分离。但是海豚队想要在短时间内吃到可口的沙丁鱼，也是十分困难的。因为海豚不能长期待在水底，每隔几分钟就要浮到水面呼吸。在海豚轮岗换气呼吸时，沙丁鱼们会更紧密地“挤”在一起，上蹿下游或左冲右突，从而使海豚追得筋疲力尽。

通常在海豚们体力不支时，天敌鲨鱼会因为嗅到它们身上的气味而突然杀过来。可是，每当鲨鱼快速靠近海豚，准备进行一场生死搏杀时，会突然停手。这当然不是因为鲨鱼突发善心，而是它们被海豚追赶着的沙丁鱼吸引了。团结在一起的沙丁鱼像是一个巨大的鱼肉团，吸引着鲨鱼自发地游到海水深处，也就是沙丁鱼群的下方，鲨鱼在那里堵截沙丁鱼。就这样，深水层的鲨鱼和浅水层的海豚相互配合着，以“包饺子”的战术围住了沙丁鱼。

在被严密包剿时，沙丁鱼会变得茫然失措，为了逃命，它们会没有方向地上蹿下跳，但最后，也只能冲进一张张巨口中，为海豚和鲨鱼充饥。

鲨鱼和海豚都是聪明的，尽管它们势不两立，但在共同的利益面前，却很默契地联合在一起，从而达到了双赢。没有永远的敌人，只有永远的利益。或许，今天的两个对手还在为生存而相互争斗、厮杀，但也许明天，两方就会携手共进，结为联盟。能审时度势的人是最聪明的。

在对手需要帮助的时候有风度地伸出援手，可以轻轻松松斩断许多不必要的纷争，也可以为自己赢得许多鲜花和掌声。

很多时候，帮助对手就等于帮我们自己，就如爱默生所说：“人生最美丽的补偿之一，就是在真诚地帮助了别人之后，同时也帮助了自己。”当我们把对手的路堵死，同时也让自己无路可退的时候，想一想，是否可以先向对手施以援手，再借助对手的力量开拓自己的路。

踩在巨人的肩上，成为另一个巨人

“竞争对手所做的每一项决策，都能使我们获得成长。竞争对手还是企业最好的实验室，因为竞争对手会研究你。而你也会从他们所提出的创新点子中吸取经验。”

——马云

阿里系的老大当属B2B，这也是整个集团真正的盈利点与现金牛。在阿里巴巴B2B公司背后，有一大堆追赶的身影——慧聪、环球资源、来自中东的特佳易、义乌的小商品网等。“一直被跟随，从未被超越。”阿里巴巴B2B公司习惯了领跑，其在领跑过程中不忘向竞争对手学习。

2010年4月，阿里巴巴旗下全球速卖通正式上线，它是阿里巴巴旗下唯一面向全球市场打造的在线交易平台，被广大卖家称为“国际版淘宝”。全球速卖通面向海外买家，通过支付宝国际账户进行担保交易，并使用国际快递发货。全球速卖通是阿里巴巴转战国际市场的关键一步，它的推出及整个发展过程非常顺利，分析其中的原因，除了有淘宝在国内市场的成功运作这个经验模板外，敦煌网的运作模式也为它提供了有利的借鉴。敦煌网是第一家整合在线交易和供应链服务的B2B电子商务网站，主要是帮助海外中小买家在中国找到货源。敦煌网的盈利模式不是向国内卖家收取会员费，而是让买卖双方免费注册使用网站，并在交易完成后向海外买家收费。全球速卖通平台提供的服务与eBay以及敦煌网等无本质差别，只在卖家准入、收费方式、交易流程上有细微差别。马云向竞争对手学习的理念，让全球速卖通有效地规避了未知的风险，一开始就站在了一个高的起点上。

有这样一句话，上帝总是把等重的人放在天平的两边。对手不是敌人，而是和我们拥有同等价值重量的人。要善意地对待竞争对手，并从对手那里改进自己，警戒自己。没有对手，你就不会知道自己的弱点与不足，只有对手，才可以让你时时刻刻运用自己的大脑。阿里巴巴就是在与对手的竞争中不断地成长。

NBA（美国男子职业篮球联赛）公牛队曾经显赫一时，就是因为有乔丹这样一个传奇人物。乔丹是天之骄子，威名远播，他的球技人品世人共睹，但只有这样是不行的，因为篮球不是一个人的运动，需要集体配合才能取胜。公牛队出现了另一个得分手，另一个天才球员，他的三分球命中率甚至比乔丹还要高，他也曾立下豪言："单场得分要超过乔丹。"

面对队友的挑战和竞争，乔丹没有嫉恨，没有把他当作敌人，反而鼓励他树立信心，亲口告诉他，他的三分球姿势标准，还有很大潜力。结果，在乔丹指导下，队友一步一步前进。终于有一次，他的单场得分超过了乔丹。此时乔丹比他更高兴，两人紧紧相拥在一起，许久许久。这个人就是另一个著名的NBA明星皮彭。

皮彭成功了，乔丹也因其高尚的品格受到更多人的喜爱，得到更大荣耀。再后来，他们并肩作战、共同提高，互相成就了对方。因此，竞争对手非但不是敌人，还是我们的老师或战友，更是职场上难得的同行者。

竞争对手是一面绝好的镜子，他们身上发生的事情正是你身上已经发生、正在发生或将要发生的事情，向竞争对手学习，可以让你认识自我进而突破自我，成就未来。对于一个立志成功的人来说，培养向竞争对手学习的胸怀和习惯显得尤为重要。

希拉里是奥巴马竞选过程中最大的敌人，她是一块难啃的骨头。在民主党内部决选总统候选人时，希拉里就与奥巴马进行了一场激战，两人打得难分难解，他们相互攻击甚至嘲弄对方，没有留下丝毫情面。可是当初选结束之后，奥巴马收起最初的锋芒，在感言中表达了对希拉里的敬意和感激。

在奥巴马的竞选途中，希拉里虽然是他最强劲的敌人，但是从希拉里的批评中，奥巴马学到了很多之前他没有注意到或是忽略的东西，正是这些东西促使着奥巴马不断地完善自我，在今后的竞选过程中表现出更为强大的优势。

正如奥巴马所说："我要感谢在此次竞选过程中与我风雨同舟的每个人，正是他们让我没有后顾之忧。"不仅如此，他还感谢了自己的对手："我还要感谢曾经与我竞争过的每一位对手，无论当时他们多么剑拔弩张，我深知这都是为这个国家出力。"在奥巴马看来，这些人与自己一样，怀着一个共同的梦想站在竞选台上，在台上他们是敌人，可是到了台下，他们是朋友，奥巴马知道国家的发展需要他们的智慧，需要他们的力量。

奥巴马一再称赞希拉里是民主党的重要一员，是一个值得敬仰的人。她创造了历史，不仅仅是身为女性，更是因为她身上的勇气、执着。在漫长的竞争过程中，奥巴马与希拉里面对面的竞争不下十次，尽管时有分歧，但他们本质是相同的，都是源于对国家的热爱。

奥巴马对希拉里表现出了由衷的欣赏，从她身上，奥巴马学到了坚忍的意志，这是因为在最困难的时候，希拉里虽然是一名女性，但是她没有放弃，一直鼓足着力量前进。同时，奥巴马从她身上学到对民众的关心，这是因为希拉里常常深入社区，体察民情，她有着治理国家的雄才大略，也有着和平常人一样的朴素情感。这些都是奥巴马需要学习的，也是奥巴马难得的财富。

虽然奥巴马对希拉里的赞扬并不被外界看好，甚至被当作一种政治手段，但是从中不难看出，奥巴马在尽量争取希拉里的支持，因为在与奥巴马竞选的过程中希拉里共获得1800万选民的投票，争取到希拉里就是争取到了庞大的选民。也许事实上如此，可是我们不能否认奥巴马的宽容与大度，不能否认在竞选过程中，奥巴马从希拉里身上学习到的东西。

让曾经的竞争对手成为自己的亲密助手，需要非凡的魄力和过人的智慧，奥巴马在当选总统后就宣布提名希拉里为下一届国务卿。奥巴马用他的宽容之心组建自己的团队，他需要他人的帮助，而希拉里无疑是最佳人选。

其实对手的存在，对我们来说是最好的学习机会，因为你和对手交锋时是最好的实战，只有在实战中才能提升自己。越是强大的对手，可学的东西就会越多。因为对方要打败你，一定是用尽全力。在他们全力以赴的时候，也就是传授你最多招数的时候。

知己知彼，在竞争中主动出击

“我们与竞争对手最大的区别就是我们知道他们要做什么，而他们不知道我们想做什么。我们想做什么，没有必要让所有人知道。”

——马云

“适者生存，优胜劣汰”一直是自然界最基本的生存规律，这条规律在商业圈中也是一条公认的定律。当今社会，谁无法在竞争中适应，谁就无法生存。对企业来说如此，对个人来说也是如此。竞争无法避免，首先要改变旧观念，与其不断被强者削弱，还不如自己做大做强。在竞争者面前，恐惧是没有用的，示弱不会让对手产生同情，相反会让自己更快地走向灭亡。竞争已经产生了，而应对竞争的唯一办法是直面竞争，不断强大起来，在竞争中去战胜对手。

这个世界无时无刻不存在着竞争。人从出生到死亡，每一步都有竞争，只有竞争才能生存，不竞争的后果便是死路一条。想要生存，就必须要比别人跑得更快，在竞争中胜过别人，这才是亘古不变的永恒定理。有竞争才会有成败，竞争固然让人烦、让人累，但也别无选择。人生就是我们不断竞争的过程，直至死去那一刻。我们必须全力以赴地接受竞争，只有跑得比别人快才能在竞争中获胜，才能赢得生存。

对于要在商场中大展拳脚的人来说，培养先发制人的竞争意识很重要。如果没有这样的意识，等到竞争对手打到家门口，才反应过来要去反击，那就太晚了。在没有硝烟的商场中，抢占先机的人才能抢占市场。

在这一方面，马云可以说为企业家们做了一个很好的表率。在互联网还未被大众熟知的时候，他就进军这个行业；在电子商务发展出现瓶颈的时候，他创建了淘宝网，拓展了新模式；为了阻击Google，他选择了和雅虎联盟。

进攻是最好的防守，用马云自己的话来解释，就是“进攻者，永远都有机会”。在商场上，你可以躲避一个对手的进攻，但躲避不开所有对手的进攻，所以，与其四处躲避，不如主动出击。

“竞争者是杀不掉的，他们一定是自己杀掉自己的。环境会杀掉他们，产业的变化会杀掉他们；自负会杀掉他们；看不起自己会杀掉他们；自己踩错点更会杀掉他们。所以我认为最大的对手还是自己。你不要忙着去替社会清理这些事情，它自己会清理的。”马云从不畏惧竞争者和挑战者，在竞争中，他会选择先发制人，占领先机。

中国的网拍市场形成时，最初的局面是三足鼎立——eBay、淘宝网和一拍网。这三大网站三分网拍市场，各自占领了不小的地盘，这里面，淘宝网虽然是后起之秀，发展较晚，但在马云的带领下，占据了市场第二的位置。

但三家网站都想一家独大，占领整个中国网拍市场，所以，一场较量在所难免。每一方都在不断挖掘和扩张自己的势力，这其中淘宝网的做法却让人有些不大理解了。在2005年时，阿里巴巴和新浪关于一拍网的股份达成了协议——新浪网将持有的一拍网33%的股份全部转让给阿里巴巴公司。

阿里巴巴并购雅虎时，一拍网的股份也转让给了阿里巴巴。一拍网是雅虎和新浪在华的合资公司，这样一来，阿里巴巴就有了一拍网100%的股份。在人们以为阿里巴巴会改革一拍网时，没想到马云将一拍网关闭了。

马云认为一拍网加入淘宝网的作用只是锦上添花，但不会有根本的改变，而最有价值的是一拍网的员工。马云将一拍网关闭，给了eBay一个措手不及，本来是三分市场，但突然之间就成了两家对决。

之后的竞争中，淘宝网的本地优势频频显现出来，易趣只能眼睁睁地看着淘宝网在自己原有的市场地盘上不断安营扎寨，攫取市场份额。

有人称这次的网拍市场之战，马云用的是偷袭手段，马云对此也不否认，他说：“有人说淘宝网赢eBay是珍珠港偷袭，（eBay）输了是没防到，输了不算。那么，雅虎和Google之战是全世界都知道的，这个是在运动战中消灭敌人。偷袭之战必须在24小时或48小时内结束，不可能持续下去！”

成功与失败虽然只是一个竞争结果，但却是我们生存的前提。只有把握时机，不断努力，才能在竞争中获胜。若不想被人看扁，就必须往前跑，不断往前跑，尽可能跑得比别人快。这样每超过一个人，都会给我们带来成就感，跑得越远，成就感就越强。

在20世纪初期，英国卜内门公司独霸了我国的碱市场，当时，我国的民族化学工业被冲击得很厉害，可以说是如履薄冰。如何将我国民族化学工业发展下去，成为了当时的首要问题。

1918年，我国第一家制碱企业永利制碱公司挂牌成立，这家公司的总经理范旭东十分有信心，觉得通过努力，一定能够打破英国人对碱市场的垄断地位，为我国民族企业争得立足之地。但已经占得市场的卜内门公司岂会任由市场被他人夺取，他们不会放任永利公司的发展。利用技术上的优势，卜内门公司对制碱技术进行了封锁，不让永利公司的生产技术得到提升。

在范旭东去卜内门公司考察参观时，卜内门公司的负责人对他一点也不尊重，还将他带到了锅炉房，言下之意，中国人根本不配来参观。从卜内门公司回去后，自尊心受到伤害的范旭东发誓，一定要打破英国人的技术封锁。

在此后的8年时间里，他带领技术人员，克服了无数困难，终于在1926年独立研制出了优质的“红三角”牌纯碱，一经推出，就在市场上受到了广泛的欢迎。这是英国人没有想到的事情，他们十分愤怒。为了阻止范旭东，他们想出了一条计策，很快调集了一大批纯碱，用超级低的价格向我国市场进行疯狂倾销，妄图靠着自身强大的经济实力，打价格战来挤垮刚刚起步的“红三角”牌纯碱。

这个计划很恶毒，如果永利也降低价格，在实力远不如对手的情况下，根本无法与之对抗；但如果任其这样下去，公司积压的产品就会越来越多，好不容易赢来的一点市场，就会被英国人再次占领。

横竖都是死，干脆置之死地而后生。范旭东痛下决心，捍卫国内市场，不让英国人占领。他打听来一个消息，得知卜内门公司在日本的纯碱销售量更大，收益也更多。这给了范旭东一个启示，既然英国人可以用低价格的纯碱来占领中国市场，那他也可以用低价格的纯碱去占领日本市场。

这就叫作以其人之道还治其人之身。

打定主意后，范旭东没有声张，他要杀对方一个措手不及。范旭东暗中调集了一批优质“红三角”牌纯碱，东渡日本，用低价格打击英国人在日本的纯碱销售，果然有效，很快抢占了日本的纯碱市场。

还在得意的英国人得知了这个消息大吃一惊，他们没有想到范旭东会来这一招儿，狼狈的英国人为了挽救日本市场，急忙应对，但日本市场的纯碱价格已经大跌，卜内门公司再怎么挽救，也难逃失败。而范旭东投入日本市场的纯碱分量很少，损失自然要小得多。

在这一次竞争中，卜内门公司元气大伤，不得不与范旭东谈判，范旭东规定：永利纯碱公司在中国市场占有55%的份额，而卜内门公司不得超过45%；如果卜内门公司想要在中国市场上进行碱价变动，必须事先征得范旭东的同意。

这份协议签署后，范旭东的能力赢得了英国人的赞赏，而范旭东也使自己的企业得到了极大的发展。在1927年，“红三角”牌纯碱在美国万国博览会上夺得金奖，永利的产品远销国外。

我们不要掉以轻心，因为竞争中每一个不小心都可能会导致万劫不复的后果。所以我们每走一步路、每说一句话都要三思，但绝不能半途而退，因为在竞争中停下就等于自掘坟墓，以前的努力也将全数付诸东流。

第八章

做事先做人，价值观比什么都重要

马云："小学的孩子，必须要有舞蹈、音乐、运动，小学的时候，我们要教的是价值观，一定要教他怎么学会做人。"

"我们以前读的是《三字经》，人之初性本善，最早的课本讲做人的道理，西方的课本也是一样，通过教做人的道理来学知识。我们的小学老师，不要去排斥西方，也不要把东方看得多糟糕，一千个东方的故事，一千个西方的故事，让孩子第一天就不排斥'东'也不排斥'西'，在东方的智慧和西方的知识里面汲取营养。"

毕业证，只能当收款凭证

“不管你是什么大学毕业，你的毕业证，我都只当作收款凭证，因为它能说明的，只是你的家庭为你读书付过款，而并不能说明你有没有读过书。有时候学历很高不一定把自己沉得下来做事情。”

——马云

很多条件优越的人，其成功路径呈现出“一气呵成”的直线：从小在良好的家庭环境中长大，上学一直都是好学生，然后顺理成章地考上名牌大学，接着出国镀金，然后毕业了进入好单位。

在互联网江湖，更是如此。和马云同期的张朝阳、丁磊、李彦宏、陈天桥，他们无不出身名校，有着耀眼的光环，而相比之下，马云则显得“土生土长”、毫不起眼，马云求学的经历实在无法与他们相比。

马云经常说：“马云能够成功，80%的人都能成功。”曾经是“差学生”的他，最终成为了出色的生意人。马云绝不是个案，环顾四周，很多好学生会发现，当年那些学习不是很好的小学、初中同学，在自己的多年努力之下，都生活得非常不错。无数事实证明，在这个机遇遍地的时代，学历不能代表能力，也不意味着一切。

1836年，卡内基出生在苏格兰，后来移民美国匹兹堡。在那里，卡内基结识了一些苏格兰裔的小朋友。有一个孩子的父亲经营纺织厂，年幼的卡内基就去这个工厂做工，每周的工资是1.2美元。艰辛的生活使卡内基把挣钱作为唯一的目的，所以他特别珍惜这个挣钱的机会。

工作了一段时间后，由于卡内基的工作出色，工资涨到每周2美元。

一次，老板让机灵、勤快的卡内基帮忙记账。卡内基虽然根本没有做过，但是他并不胆怯，而是非常痛快地答应了，并且完成得让老板满意。不久，他就被调到了会计室工作。

卡内基并不满足，他没有在会计的位置上高枕无忧，而是去学习自己还不太懂的复式会计。白天上班，晚上学习，每周三天课，年幼的卡内基学得津津有味。

不久，卡内基经人介绍到一家电报公司做送报员。这在当时是个令人羡慕的好工作，父亲兴高采烈地领着卡内基去面试。到了电报公司门口，卡内基对父亲说："我想一个人去试试。"父亲惊讶地答应了。卡内基之所以提出这样的要求，有两个原因：一是他觉得自己身材不高，和父亲站在一起显得自己太矮；二是他担心父亲说话不得体而冲撞雇主。

雇主大卫先生惊讶于如此小的一个孩子就有这样的勇气、主见和自信，所以对他很是赏识。卡内基忘记了父亲还忐忑不安地等在公司门口，马上就开始了工作。

卡内基周薪是2.5美元，他为此而努力工作。一个星期，他就熟悉了匹兹堡的街道，两个星期，他把郊区也弄熟了，这使他在公司里受到表扬。公司里的卫生由大家轮流打扫，而卡内基决不贪恋被窝里的舒坦，每天都提前到达公司，先打扫卫生，然后就跑到电机房操作电报机。他并不为此感到辛苦，因为他太喜欢了。总经理大卫知道了，对卡内基更为赞赏。一年后，卡内基已经成了信差的管理者。他的工资也涨到每月13.5美元，又比原来多了3.5美元。他把这3.5美元"巨款"留了下来。他对弟弟说："妈妈太辛苦了，每天都缝鞋到半夜。以后咱们开一家卡内基兄弟公司，赚好多钱，送给母亲一辆闪闪发光的马车！"这就是14岁的卡内基的理想。

卡内基不断地增加自己的积累，他知道利用一切机会获取新的知识。那时，报童享有到戏院免费看戏的权利，卡内基就经常去看莎士比亚的戏剧，他喜欢上了莎士比亚。他得知詹姆士·安德森上校家有莎士比亚的著作后，就立刻去借。后来借书的人越来越多，上校干脆就办了个私人图书馆。卡内基被丰富的书中世界所深深地吸引，他不仅看莎士比亚，而且看历史，看关于钢铁与煤炭的专业书籍。

安德森上校的私人图书馆越来越拥挤了，上校就向市政府提出借一间房子。马上，官方就颁布了“本馆仅供初学者借阅，其余须缴年费2美元”的规定。卡内基立即开始抗议，声称自己还没有经济上的独立，不应该交年费。但管理人员对他的抗议根本不予理睬。卡内基愤怒地向《匹兹堡快报》写信，指责市政府当局“违反图书捐赠者安德森上校的本意”。市政府也写信反驳，双方在快报上针锋相对，引起各界关注。《匹兹堡快报》刊登了一篇社论，支持卡内基。这个10多岁的孩子，竟然敢和政府较真儿，卡内基的胆识和自信简直不可想象。

在安德森上校图书馆里的阅读，开启了卡内基的抱负之门。卡内基对安德森上校的恩德非常感激，多年以后，卡内基在上校图书馆的原址，盖了大会堂和图书馆，建了纪念碑，感谢上校“赐予众多青少年求知的机会”。

17岁的卡内基在工作中认识了宾夕法尼亚铁路匹兹堡电报管理局局长汤姆·斯考特。斯考特非常赏识卡内基的才干，很快就把他安排到了自己的手下，月薪是35美元。这时，卡内基小时候学的复式会计有了用武之地，因为他除了做斯考特的助手，还被授权监督公司的会计。

在卡内基19岁的一天，斯考特告诉卡内基有人要出售亚当斯快运公司的股票，需要500美元。然后他问道：“你能筹到500美元吗？”斯考特说到500美元的时候，就像说5美元、10美元的小钱。卡内基惊讶极了，但是在脸上却没有流露出一点难色。斯考特又告诉他，这个公司的经营很好，股票还会涨价，这绝对是有利可图的投资。但是卡内基的父亲刚刚去世，家里几乎没有余款，所以只能谢绝斯考特的好意。斯考特不愿意眼睁睁地看着这样好的机会错过，说道："我先为你垫付好了。"卡内基立即同意了。但第二天，斯考特沮丧地告诉他，卖主又要价600美元了。卡内基却毫不犹豫地决定买下这些股票。半年里，卡内基和母亲省吃俭用，又借了400美元，还清了斯考特的账。不久，卡内基拿到了10美元的红利。钱并不多，但却让卡内基产生了"我是股东"的成就感，赚钱的欲望愈加强烈得不可收拾。

这时，斯考特被提拔为阿尔图事业总部部长，卡内基被斯考特提拔为总部秘书，月薪增加到55美元。此时的卡内基备感欣慰的是，母亲再也不用日夜不停地缝鞋了。

命运安排卡内基又有了另外的机遇。他偶然遇到了卧铺车厢的发明者伍德拉夫。在了解了这个新事物后，卡内基认为这个发明一定能使铁路客运进入一个新的时代，就立即报告了斯考特。斯考特也很看好这个构思，生意立即成交。为表达感激之情，伍德拉夫邀请卡内基投资他即将开办的卧铺车厢制造公司，卡内基果断地决定靠银行借贷投资200美元。一年后，卡内基分到的红利在5000美元以上。这成了卡内基一生的转折点。

1859年，斯考特成为宾西法尼亚铁路的副董事长。24岁的卡内基也随之成为匹兹堡管理局局长，年收入1500美元。

两年后，南北战争开始了。斯考特被任命为陆军助理次长，卡内基依然随之前往，他为确保几条主要铁路运输畅通立下了汗马功劳。南方军队不断炸毁木制的桥梁，卡内基在维修工程的时候突然想到：以铁桥代替木桥是必然趋势。

不久，卡内基得了流行伤寒，他就向斯考特提出辞呈。尽管斯考特竭力挽留，但卡内基去意已定。卡内基决定立即开始尝试他那个建造铁桥的梦想。1862年，卡内基成立了拱心石桥梁公司，制造铁桥、铁轨，各地订单蜂拥而至。卡内基从此财源滚滚。

他在欧洲旅行的时候，毫不犹豫地买下了钢铁制造和焦炭洗涤还原法的专利。有人说这是卡内基财大气粗浪费钱财，但卡内基相信，这是又一个“下金蛋的鹅”。

回到美国，他发疯似的工作起来，向钢铁这个还很陌生的领域迈进。他建造了一座当时最大的22.5米高的熔矿炉，耗资超出预算两倍多。股东们开始担心他把老本也赔进去了，纷纷反对卡内基的计划。但卡内基不为所动。1875年8月，卡内基和购买钢铁的公司签订了第一个供货合同，两个星期后，熔矿炉点燃了。此后，钢铁订单如雪片飘来。他又胜利了。

他的桥梁公司也捷报频传，完成了使整个美国为之瞠目的两个桥梁大工程。卡内基雄心勃勃地要建造更大的铁桥，要把全美的铁轨变成钢轨。大家都认为卡内基的计划不切实际，而且认为钢料做桥墩和桥梁太脆弱。但卡内基毫不退缩，决意干下去。

1868年，卡内基写下一个备忘录：“年龄33岁，年收入超过了5万美元，这两年间事业发展顺利。但现在我想发奋读书，计划前往牛津大学深造，也想购买伦敦报纸的股票。人必须崇拜点什么，崇拜财富是最丑陋的行为。对于我，现在继续发展事业，在一段时间内还会积累更多的财富，但这会不会让我堕落下去呢？因此，我打算在35岁以前退休……”但是，飞速发展的事业让他欲罢不能。

对钢铁的狂热让他在51岁才结婚。

后来，这个没有上过多少学的实干家，成了世界钢铁王国第一人。

有句话说得好：“学历是铜牌，人脉是银牌，能力是金牌。”学历在初入社会的起始阶段，可能会对你有所影响，充当了敲门砖的作用。

但是一旦踏入社会之后，能力就成为了主角。因此，不要为自己不够华丽的学历自卑或者抱怨，人生是一场大戏，需要更多的武装，学历只是一个道具而已。

上当不是别人太狡猾，而是自己太贪婪

"上当不是别人太狡猾，而是自己太贪婪，是因为自己才会上当。"

——马云

很多时候我们会被人诱惑，然后落入别人精心编织好的陷阱之中，我们觉得很委屈很冤枉，觉得人心不古，觉得所有人都太过奸诈狡猾，没有做人的基本原则。但是从本质来讲，这并不是因为别人太坏，恰恰相反，而是因为你太贪，只有贪婪的人才会落入别人的陷阱，别人也是因为你的贪婪才能编织一个陷阱。

聪明的人不在于他能够分辨出陷阱，不在于他能够识破别人的诡计，而往往在于能够自我克制，不会轻易被外在的东西所迷惑，不会起贪婪之心，所以无论出现什么情况，无论遇到什么样的诱惑，他都能够保持淡定的心态，从而有效避免自己误入陷阱之中。

马云说，想要挣钱，就不能唯利是图，更不能贪婪。他总是知道自己真正需要什么，知道自己能够得到什么。马云当年成立阿里巴巴的时候，很多竞争对手都有自己的赢利模式，就是从客户那里收取服务费。但是马云没有那样做，他觉得如果自己冲着钱去，那么淘宝网就没有办法做大做成功，所以最后他决定三年免费服务，结果淘宝很

快发展起来。

正因为马云不是一个贪婪的人，所以当其他企业家都在抱怨自己挣钱少的时候，马云却不安地说自己挣钱多了。为什么？因为自己挣钱多了，那些客户的利益就受到了压缩，这不符合阿里巴巴创业的初衷，也不符合阿里巴巴的发展规划，所以马云增加了对客户的投资，从而减少自己的利润。

对客户是这样，对自己的员工马云就更是没有贪婪之心了，其实一开始马云掌控着公司绝大部分的股权，但是这些年来他一直想办法稀释自己的股权，并将这部分股权稀释给更多的员工，而反观其他股东，则没有这样的心胸。尽管自己的股权越来越少，自己的控制力越来越弱，但是马云从不为此担心，他觉得自己这样做可以为员工带来更多的利益，这就是对阿里巴巴最有帮助的事情了。

对于马云而言，这不是在作秀，而是真真切切的实际行动，而是真正地从大局出发。他没有变得贪婪，所以也不会落入陷阱，更不会被其他人算计。而对于很多企业家来说，想要做到这点很困难，因为没有人愿意放弃到手的利益，唯利是图很容易压倒理性，很容易让他们失去基本的判断力，很容易蒙蔽他们的眼光，所以最终很可能什么事情也办不好，最终什么也得不到，而且还有可能落入陷阱。

有个老魔鬼看到人们生活得太幸福了，他说："我们要去扰乱一下，要不然魔鬼就不存在了。"

他先派了一个小魔鬼去扰乱一个农夫。因为他看到那农夫每天辛勤地工作，可是所得却少得可怜，但他还是那么快乐，非常知足。

小魔鬼就想："要怎样才能把农夫变坏呢？"他就把农夫的土地变得很硬，让农夫知难而退。那农夫对着土地敲打半天，做得好辛苦，但他只是休息一下，还是继续敲，没有一点抱怨。小魔鬼看到计策失败，只好摸摸鼻子回去了。

老魔鬼又派第二个去。第二个小魔鬼想，既然让他更加辛苦也没有用，那就拿走他所拥有的东西吧！那小魔鬼就把他午餐的馒头和水偷走。他想农夫做得那么辛苦，又累又饿，却连馒头和水都不见了，这下子他一定会暴跳如雷！

农夫又渴又饿地到树下休息，没想到馒头和水都不见了。可是农夫却说，"不晓得是哪个可怜的人比我更需要那块馒头和水。如果这些东西能让他温饱的话，那就好了"。小魔鬼只好又弃甲而逃了。

老魔鬼觉得奇怪，难道就没有任何办法使这农夫变坏吗？这时第三个小魔鬼对老魔鬼说："我有办法一定能把他变坏。"

小魔鬼先去跟农夫做朋友，农夫很高兴地和他做了朋友。因为小魔鬼有预知的能力，他就告诉农夫，明年会有干旱，教农夫把稻种在湿地上，农夫便照做。结果第二年别人没有收成，只有农夫的收成满满，他就因此富裕起来了。

小魔鬼又每年都对农夫说当年适合种什么，三年下来，这农夫就变得非常富有了。他又教农夫把米拿来酿酒贩卖，赚取更多的钱。慢慢地，农夫开始不工作了，靠着贩卖的方式，就能获得大量金钱。

有一天，老魔鬼来了，小魔鬼就告诉老魔鬼说："您看！我现在就要展现我的成果了，这农夫现在已经有猪的血液了。"只见农夫办了个晚宴，所有富有的人都来参加：喝最好的酒，吃最精美的餐点，还有好多的仆人伺候。他们非常浪费地吃喝，衣裳零乱，醉得不省人事，开始变得像猪一样痴呆愚蠢。

"您还会看到他身上有着狼的血液。"小魔鬼又说。这时，一个仆人端着葡萄酒出来，不小心跌了一跤。农夫就开始骂他："蠢货，做事这么不小心！""哎！主人，我们到现在都没有吃饭，饿得浑身无力。""事情没有做完，你们不许吃饭！"农夫恶狠狠地说。

老魔鬼见了，高兴地对小魔鬼说："你太了不起了！你是怎么办到的？"

小魔鬼说："我只不过是让他拥有的比他需要的更多而已，这样就可以引发他人性中的贪婪。"

俗话说，人心不足蛇吞象，我们每天面对外部世界的诱惑，什么都想得到，偏偏我们精力有限，金钱有限，如果一味去追求，有可能让自己累倒在半路。就算有一座金山摆在眼前，我们能拿的，也只是自己拿得动的那一部分，不然不是在半路晕倒，就是在金山里饿死。不得不承认，以我们有限的生命和能力，追求不了那么多的东西，承担不了那么重的负担。

老子说："祸莫大于不知足，咎莫大于欲得。"一个人之所以惹祸上身通常是因为不知足、太过贪婪，一味去满足私欲和贪念，结果贪心不足蛇吞象，被人设计陷害。鬼谷子则说："欲多则心散，心散则志衰，志衰则思不达。"贪婪往往会让人丧失理智，做事欠缺考虑，不能够明白是非，也不会轻易察觉到别人设下的陷阱，正因为如此，才会轻易被人算计。

"股神"巴菲特曾经一阵见血地指出，炒股就是一种冒险游戏，你的对手就是那些设套的人，你唯一的想法就是不要被人套住，不要落入别人的陷阱。在数十年的炒股过程中，他之所以能够积累富可敌国的财富，就在于能够躲过那些陷阱。他说："当别人贪婪时，你应当觉得恐惧。"这就是他获得成功的重要方法。

长相与成功无关

“这世界上只要有梦想，只要不断努力，只要不断学习，不管你长得如何，不管是这样，还是那样，男人的长相往往和他的才华成反比。”

——马云

如果非要用古今中外的一个名人来形容现在的马云，最合适的莫过于拿破仑了。一样矮小的身材，一样被外界认为狂妄的性格，一样存在着巨大的争议，但都取得了让所有人惊叹的成就。从小就身材矮小的马云，用他那不屈的斗志和独到的智慧一步步成长为“东方拿破仑”。

2000年7月17日，其貌不扬的马云成为了中国第一位登上全球最权威商业杂志《福布斯》封面的企业家。该杂志在介绍马云的时候毫不客气地描写道：“他，深凹的颧骨，卷曲的头发，淘气的露齿笑，一个5英尺高、100磅重的顽童模样。”另外，又毫不吝惜地盛赞：“这个长相怪异的人有着拿破仑一样的身材，更有拿破仑一样的伟大志向。”

关于马云的长相，露骨的讽刺一直没有间断，有经典的段子称他有点像天外来客，说他演外星人基本不用化妆。“因为长得丑，经常躲着大家”，马云经常这样自嘲。

长相是爹妈给的，尽管现代整容技术很先进，但又不是明星，何必对自己动刀呢？马云从小就很接受父母给予的“恩赐”，他从来没有因为长得丑而自卑，对于自己的长相，马云从来都是信心十足：“人又瘦，还那么丑。不过我觉得绝大部分的情况下，一个男人的长相和他的智慧是成反比的。”他甚至还扬言：“20年以后的中国，流行的长相是跟我一样。”

马云其实颇感激自己的长相：“因为长得丑，没有本钱，只能不断努力。也正是因为如此，才没有浪费大好青春，为成功奠定了坚实的基础。”

客观地讲，长相不佳，确实给马云带来不少挫折。比如，因为个子瘦小，他去应聘保安和服务生的时候，被人拒绝了。这种时候很多，但是马云坦言从来没有觉得受到什么打击，也从来没有因此而沮丧过。他想得很开：“别人攻击你的长相，你沮丧是没有用的。我碰到的这种事儿多了，怎么沮丧得过来？生活就是这样，你得到了一定会失去，你失去的东西也一定会得到一点，你什么都想得到怎么可能？”

再比如，因为长得“看起来像坏人”，当年他在向人推销互联网产品的时候，别人都躲着他，好不容易被他“纠缠”住的人，也因为他的“坏人样儿”，对他的话始终保持质疑，马云并没有因此而生气，而是以加倍的真诚去说服对方。

马云说，长相与成功无关，正确看待自己的长相，不妄自菲薄，不丧失信心，再糟糕的长相也不会成为成功的阻力。

美国第26任总统罗斯福，小时候的他有着一副非常“抱歉”的面孔，参差不齐的牙齿、畏首畏尾的神态，都成为了别人嘲笑他的原因。因为他有气喘的毛病，所以当他在教室里被老师唤起来背书时，他的呼吸急促得好像快要断气，两腿站在那里直发抖，牙齿也颤动得像要脱落下来一样，显得局促不安。他背出的句子含混不清，几乎没人听得懂，背完后，便颓然坐下，就像是疲惫不堪的战士突然获得了休息。

也许你以为他一定会性格内向、文静怕动、神经过敏、不喜交际、常常自怨自艾，那你完全错了，他没有因这些缺陷而气馁，反而因为有了这些缺陷而加紧了他的奋斗，这种奋斗并不是谁都能做到的。他经过长期的坚持和学习，才克服那常常被人鄙视的气喘，把齿唇的颤动和内心的畏缩改成卓越的口才和自信的行动。

当他看见别的孩子在操场上嬉笑、跳跃、东奔西跑、做着种种激烈的运动时，他也踊跃参加，从不退让。他和大家一样骑马、赛球、游泳、竞走，而且常常名列前茅，成为业余的运动家。他常常以那些坚定勇敢的孩子们为榜样，自己也常常体验冒险的精神，勇敢地应付种种恶劣的环境。当他和别人在一起时，他总是用亲切和善的态度去对待任何同伴，主动与他们接近。这样一来，他即使有着内向的自怜心理，也被自己的行动克服了。他深知上帝从来没有创造一个标准的人，只要自己心境舒坦快乐，一切都将顺利得好像预先安排好的一般。

缺陷造就了罗斯福一生的奋斗精神，这无疑是他经营一生伟业最可贵的资本。他绝不把自己看作一个懦弱无能的人，在他升入大学前，就经常自我鞭策，用自律的运动和生活恢复了他的健康，使自己变成了精力超众、强健愉快的人。

罗斯福因为有缺憾，才有了奋斗的动力，才有了坚韧的毅力，这一切，又给他带来了人生的转机，缺憾成就了他一生的功名。事情往往如此，越是有缺陷的地方，却容易迸发勃勃的生机。

也许你会认为才华和相貌成反比的说法没有任何科学依据，但是有人还真的做过一项有趣的调查，他们对世界上数千个不同职业的聪明人进行对比，发现在这些最聪明的人中，长相标致的还不到1%。可见这并不是一种巧合，而更像是一种特定的社会规律。

其实，草率地将才华和容貌进行对比并没有什么特别的意义。不过，从生活中来看，容貌好的人容易受到更多的干扰，因为被人追求而过早地放弃学业，因为过分关注容貌而自负和分心，容易丧失更进一步的动力；而容貌不好的人会想办法从其他方面寻找平衡，办事情更加专注一些，在生活中会更加努力来证明自己，以吸引别人的眼光。

正因为如此，我们不要奢望“高富帅”“白富美”都才华横溢，也不要认为没有才华的人都是“矮矬穷”。上帝总是公平的，你的容貌不出众，就必定会从其他方面给予你补偿，你的善良、你的勇气、你的智慧可能会更加突出，而这些会为你带来更大的成功。

当然每个人都希望自己拥有出众的外表。外形条件能够增添个人的魅力，但是却不能决定一个人能否成功。一个人能否走得更远往往是依靠自身的能力和才华，这才是社会所需要的价值。

我们暂且不要去想马云的话是不是具有科学依据，至少马云给了大多数相貌平平的人一点儿希望，一个男人可以在先天条件上输给别人，但是一定要通过才华来展示自己的价值。也许你的脑袋比别人更小，但是却拥有大智慧；也许你的眼睛比别人更小，但是却总能看得更深更远；也许你的听力并不比别人更加突出，但是总可以及时知晓天下事，而这些才是成功最需要的。

马云拿才华和容貌说事与其说是自嘲，倒不如说是一种激励。对于绝大多数年轻人来说，先天条件不好，不用自卑，也不用怨天尤人，只要你足够努力，只要有才华，就可以获得成功，甚至获得比其他人更大的成功。

找最适合自己的，而不是最赚钱的

“项目和人不应该是矛盾的，优秀的项目必须有合适的人，优秀的人也必须有合适的项目，然后再加上合适的时间才能成功。所以我选的时候一定从这个人和这个项目，是不是合适的时间以及他的团队入手。有时候这个项目很好，人不行，有的时候项目不成熟。”

——马云

有人曾经问“股神”巴菲特，到底什么样的工作才最挣钱，巴菲特打了个太极：“对于盖茨来说，搞软件最挣钱，对于斯利姆先生来说，电信是个挣钱的好项目，当然对于我来说，还是炒股最能挣钱。”其实巴菲特说的几个人物正是当年世界上排名前三的富翁，所以他们的工作也被称为最赚钱的项目，可事实上，他们每个人都只是选择了最适合自己的工作来做。所以严格说起来，这个世界上并没有什么项目是最挣钱的，如果非要给出一个答案，那么对任何一个人来说，最适合自己的工作往往就是最赚钱的项目。

最适合自己的才是最挣钱的，其实已经是一句老话了，但事实上很多人未必能够想透这句话。在多数时候，对于多数人而言，他们永远都有一些创业的黄金席位和黄金标准，哪些事是最风光的，哪些工作是最挣钱的，哪些项目是利润最大的，他们往往一清二楚，而且始终都愿意抓住这些“好差事”不放手。

比如对于很多人来说，房地产挣钱，他们就把资金全部投入到房地产中，股市挣钱，他们就把钱全部拿去炒股。但从专业的角度来分析，这其实是一种非常盲目的投资行为，因为你很可能根本就不具备这方面的投资眼光，很可能难以把握市场的行情，也可能对相关的业务一窍不通。你也许完全只是冲着一个金字招牌去的，这样自然不会有太大把握能够挣到什么钱，而既然没有什么把握可以挣到钱，那么为什么还要冒险去做呢？与其这样还不如尽全力去做自己能做的事，去做适合自己的事。

在1952年11月9日，以色列独立以来的第一位总统魏茨曼不幸因病逝世，这位总统正是伟大物理学家爱因斯坦平生少有的挚友之一。在魏茨曼去世前的一天，以色列驻美国大使便向爱因斯坦转达了以色列总理本·古里安的信，信中以诚挚的语气明确指出，自己将会正式提请爱因斯坦成为以色列共和国总统候选人。

消息很快便传遍了整个新闻界，当晚，一位记者拨通了爱因斯坦住所的电话："亲爱的教授先生，听说您将会出任以色列共和国总统，这件事情是真的吗？"

电话那头，爱因斯坦的回答非常平静："不，我不会当总统的，我并不具备那样的才能。"

"但是，总统并没有多少具体的事务，而且这一职位往往是象征性的。教授先生，您可以说是这个世界上最伟大的犹太人，不，不，您简直是这个世界上最伟大的人。由您来担任以色列总统，不仅体现了犹太民族的伟大，更预示了犹太民族的美好未来！"记者的声音越来越兴奋。

"不，我干不了这样的事情。"爱因斯坦并没有因为记者的话而有所骄傲，而是轻声地做出了自己的回答。

随后，当驻华盛顿的以色列大使再次打过来电话时，爱因斯坦同样明确地拒绝了。

不久后，爱因斯坦在美国一家权威报纸上发表了自己的声明，声明中指出，他不会出任以色列总统一职："有关自然，我可能了解一点儿，但是有关人性，我几乎一点儿也不了解。相比之下，方程对我更重要些，因为政治是为当前，而方程却是一种永恒的东西。"

每个人都有自己的欲望，都有非常远大的目标，但是无论什么时候，我们要做最适合自己的事，而不是做那些最想做的事。很多人想要挣钱，想要挣大钱，所以想着去做那些最能挣钱的工作，可是光去想根本没有用，关键要看你适不适合干那份工作，你是否能够干好那份工作，别人也许可以挣到钱，但是你去做就未必会成功。如果不能准确定位自己，不能从自己的实际情况出发，那么即便工作再完美，你可能也难以挣到什么钱。

其实做适合的工作，往往才是真正的挣钱之道，因为这份工作往往最符合你的基本情况，也许符合你的个性，也许能够激发你的创造性，也许刚好对你的胃口，也许能够最大限度发挥你的优势。无论如何，它都可以最大限度地提高你自身的价值，能够让你更好地展示自我。这种发挥的余地其实就能够创造更多的利益，甚至可以使你的利益最大化。所以做适合自己的事情，其实就是最好的挣钱方法，对你而言，这就是最挣钱的项目。

1919年，Elntst Woodruff 花费250万美元巨资从"可口可乐之父"Candler的继承人手中购买了可口可乐公司，当时很多朋友都认为Woodruff 疯了，毕竟他可以用这笔钱投资矿山、钢铁、工厂或者股票，而不应该是饮料。Woodruff 笑着说："其他的东西或许更加挣钱，但是可口可乐公司是最合我胃口的。"结果可口可乐公司很快发扬光大，并很快成为了世界上最受欢迎的饮料公司，并且一直延续到了今天。

其实，如果当年Woodruff 没有这种魄力和觉悟，那么他就不可能获得成功，即便他有可能在其他领域获得非凡的成就，但是绝对不可能像经营可口可乐公司这样成功。很多人认为这是机遇，但事实上这样的机会完全是要靠自己去创造和把握的，是需要自己去做出最合理的抉择的。

如果说成功能有什么捷径的话，那么做自己最适合做的事情，实际上就是在走捷径，这意味着你可能不用再去额外地学习新的技能，你不用去花费太多的时间来了解和适应自己的新工作，你可能不用花费太多精力来寻找各种资源。最适合你的东西往往是能够给你带来最大优势的东西，这种天然的优势实际上就是很有价值的资本，是成功的重要保障，也能够为你带来更多的财富。

美国跳水运动员格里格·洛加尼斯开始上学的时候很害羞，在讲话和阅读上遇到了困难，因此受到同伴的嘲笑和捉弄。这令洛加尼斯非常沮丧和懊恼，但他发现自己非常喜欢并且擅长舞蹈、杂技、体操和跳水。他知道自己的天赋在运动方面而不是学习。当认清这些之后，他开始专注于舞蹈、杂技、体操和跳水方面的锻炼，以期脱颖而出，赢得同学们的尊重。由于他的天赋和努力，他开始在各种体育比赛中崭露头角。

在上中学时，洛加尼斯发现自己有些力不从心了，因为无论是舞蹈、杂技、体操还是跳水，都需要辛勤的付出，他不可能有时间和精力去做这么多事。他知道自己必须要有所舍弃了，只能专注于一个目标。但他不知要舍弃什么、选择什么。这时，他幸运地遇到了他的恩师乔恩——一位前奥运会跳水冠军。经过对洛加尼斯的观察和询问后，乔恩得出结论：洛加尼斯在跳水方面更有天赋。洛加尼斯在经过与老师的详细交谈后，认为自己的确更喜欢跳水，他认识到以前之所以喜欢舞蹈、杂技、体操，是因为这些可以使他跳水更得心应手，可以为跳水带来更多的花样和技巧。他恍然大悟，于是专心投入到跳水中去。

经过专业训练和长期不懈的努力，洛加尼斯终于在跳水方面取得了傲人的成就。由于对运动事业的杰出贡献，洛加尼斯在1987年获得世界最佳运动员和欧文斯奖，达到了一个运动员的荣誉的顶峰。

有句话说“隔行如隔山”，如果是自己不擅长或者不了解的工作，那么即便你再出色，再有领导能力，也难以轻易做出什么出彩的成绩，至少你要付出的代价会很大。如果能够选择最适合自己的工作来做，那么实际上等于给自己的成功打下了一个坚实的基础，你最后获得成功的机会会大很多，你所能获得的财富也会多很多。

马云也是通过这种理念来打造独具特色和竞争力的阿里巴巴的，比如马云当初选择B2B业务模式，并不是因为这个模式最能挣钱，而是因为当时的它最适合阿里巴巴的模式，包括后来的淘宝和支付宝也是如此。一路走来，马云从来没有刻意去模仿别人的成功，也从来不曾羡慕别人获得了怎样的成功，他一直在走自己的路，一直都在寻找最适合自己去走的路。其实好的项目有很多，优秀的点子也有很多，但是最适合阿里巴巴的永远只有一个，而马云最看重的就是这一个。

当eBay在C2C业务上挣了几亿美元的时候，阿里巴巴还是一个收支不平衡的小企业，可是十几年过去了，阿里巴巴成功登顶，成为了电子商务的老大，这恰恰证明了一句话：最适合自己的，就是最好的，也就是最挣钱的。

年轻人在做事的时候，要懂得做出选择，要明白这个世界上其实根本没有什么项目是最好的，是最能挣钱的，如果有，那就是最适合你的那些工作。只要你能够做好自己最擅长的事，能够好好利用并发挥自己所拥有的那些优势，那么就可以收获更多的财富。

不在于你做了多少，而是你做了什么

“世界上很多非常聪明并且受过高等教育的人无法成功，就是因为他们从小就受到了错误的教育，他们养成了勤劳的恶习。很多人都记得爱迪生说的那句话吧：‘天才就是99%的汗水加上1%的灵感。’并且被这句话误导了一生。勤勤恳恳地奋斗，最终却碌碌无为。其实爱迪生是因为懒得想他成功的真正原因，所以就编了这句话来误导我们。”

——马云

关于工作，常常要提到一个词“效率”，如何让自己的工作更有效率呢？第一就是把握方向，方向正确了，后面的工作也就有了路线和坐标，办事也就会更加方便一些。第二就是要把握重点，要找到更容易获得成功的方法，只有掐住了那些最关键的点，工作才能事半功倍。

对于成功，哥伦布曾经有过一个形象的比喻，他认为发现新大陆就像是将鸡蛋立在桌子上一样，很多人都无法成功，而他所做的其实只是将鸡蛋一端的壳敲碎了，然后就获得了成功。很多时候，我们没有突破自己的思维，认为做得多就理所应当地收获更多回报，可是办事方法不对，最终结果也就不尽如人意。其实，一个人无论做什么，最重要的是坚持用最有效的方法去做，否则即使每日苦想苦干，也是很难出成绩的，因为成功不在于你做了多少，而在于你做了什么，你的方法比别人更好，比别人更具特色和竞争力，你自然也就会更加成功。

马云其实也是一个非常勤奋的人，但是他从来不迷信勤奋，在他看来成功不仅仅依靠汗水，而要靠头脑。他非常敬佩微软总裁比尔·盖茨，在他看来盖茨是一个很讲究办事效率的人，当别人都在依靠读书来提升自己的社会价值时，盖茨选择退学，直接从工作入手；当别人都在死记硬背那些DOS命令来操作电脑时，盖茨懒得去浪费时间而编写了界面程序，结果全世界那么多辛苦搞电脑的人最终都成了员工，而盖茨却成了首富。

马云希望自己成为像盖茨那样成功的人，他常常提醒自己，一定要弄清楚自己拥有什么，想要什么，明白自己该放弃什么，该做什么。事实上，马云一直就是这样要求自己的，比如很多人都会说英语，但是大多数人都是死背英语书，或者通过磁带来提高口语能力，而马云却主动和外国人交流，这样效果要更好。而在创业之前，他曾经是非常优秀的英语老师，甚至在1995年被评为杭州市十大杰出教师。但是马云却从英语中寻找到更多的商机，于是他果断辞职，并成立了海博翻译社。因为那时候翻译社很少，而杭州更是没有，第一个吃螃蟹的人自然也就容易成为第一个成功的人。

而当翻译社越来越红火时，马云发现了互联网潜在的巨大市场价值，于是又改行做起了阿里巴巴。当时互联网上也有一些竞争者，国内有很多同行，国外则有一些电子商务巨头虎视眈眈。当时国外的电子商务主要为20%的大型企业和跨国公司服务，国内的同行也有意向这方面发展。马云决定独辟蹊径，将侧重点放在80%的中小型企业上，结果马云成为这一行业的领军人物。实际上，马云并不见得比其他竞争对手更加勤奋努力、比其他对手做得更多，关键在于他选择了一个更为有效的发展模式，他尝试了别人从未去做的那些事，所以他比其他人更加成功。

马云提倡的“懒文化”不是在教人要懒，他的重点在于：“懒不是傻懒，如果你想少干，就要想出懒的方法。要懒出风格，懒出境界。像我从小就懒，连长肉都懒得长，这就是境界。”有时候在一个模式里兢兢业业，看似勤奋，实则是浪费生命的表现。一个人要想出头，适当“偷懒”思考一下接下来要如何改变现状，是必要的。

“酒店大王”希尔顿在盖一栋新酒店时，突然发现资金链断了，如果没有钱就根本无法继续盖新酒店。而他那时也无法从银行贷款，所以非常着急。

突然，他想到了一个妙计：找那位卖地皮的商人协商！要他给自己“免费”盖酒店！

对此你是不是觉得太奇怪呢？哪有人傻到卖地皮给你，然后还把楼给你盖好的？但是希尔顿却做到了！

希尔顿找到那个地产商，坦率地对他说没钱继续盖酒店了。地产商漫不经心地说：“那就停工呗！等有钱了再盖吧！”

希尔顿回答道：“这个我当然知道，但是，假如我的酒店总拖着不盖，恐怕受损失的不止我一个吧！说不定你的损失比我更大呢？”

听到希尔顿这样说，地产商感到疑惑不解。随后，希尔顿又说：“你应该知道，在我买了你这块地皮之后，周围的地价已经涨了很多。如果我的酒店突然不盖了，你的这些地皮的价格就会受到影响。如果有人趁机告诉别人，我不盖酒店是因为你的地方不好，那结果对谁会更不利呢？”

“那你想怎么样？”地产商紧张起来。

“很简单，你暂且帮我一把，将房子盖好再卖给我，我当然会付钱给你的，但不是现在给，而是从我的利润里分期支付！”

地产商虽然很不情愿，但是考虑到整体利益，还是决定做一回“傻子”，只能同意盖这栋楼。

生活中，有人日出而作，日落而息，一天甚至埋头苦干十一二个小时，结果却不尽如人意，一生平庸，碌碌无为。有人却深谙巧干远大于苦干的奥妙，总能找到更简单、更轻松、更快捷的方法，让自己获得成功。

大英图书馆老馆年久失修，于是馆方决定在新的地方建一个新的图书馆。新馆建成后，要把老馆的书搬到新馆去。这本来是搬家公司的活儿，没什么好策划的，把书装上车，拉走，摆放到新馆即可。问题是按预算需要350万英镑，图书馆没有这么多钱。眼看着雨季就到了，不马上搬，这损失就大了。怎么办呢？馆长想了很多方案，但操作起来都有难度。

正当馆长一筹莫展的时候，一个馆员找到馆长，告诉他有一个解决方案，不过仍然需要150万英镑。馆长十分高兴，因为这些钱正好在他的预算内。

"快说出来！"馆长很着急。

馆员说："好主意也是商品，我有一个条件。"

"什么条件？"馆长更着急了。

"如果把150万英镑全花尽了，那权当我为图书馆做贡献了，如果有剩余，图书馆把剩余的钱给我。"

"那有什么问题？350万英镑我都认可了，150万英镑以内剩余的钱给你，我马上就能做主！"馆长很坚定地说。

"那咱们签订个合同？"馆员意识到发财的机会来了。

合同签订以后不久，就实施了馆员的新搬家方案。竟然连150万英镑的零头都没用完，就把图书馆给搬了。

其实方法很简单，图书馆在著名报纸头条上发出了一条通告：从即日起，大英图书馆免费、无限量向市民借阅图书。但条件是从老馆借出，还到新馆去。

有这样一句谚语："巧干能捕雄狮，蛮干难捉蟋蟀。"这句话道出了一个普遍的真理，即做事讲究方法，巧干远胜蛮干。巧干是抓住了事情的关键，并找到了有针对性方法的结果。巧干既可以减少劳动量，又可以达到事半功倍的效果。无论是在工作中还是生活中，我们都应该培养出这种良好的思维习惯，遇到问题时多思考为什么，多思考怎样才能够找到它的关键所在。一旦找到了这个关键，看起来很难办的事情就会变得轻而易举了。

不以出身论英雄，拼的就是实力

"世界上最不可靠的就是关系。没有背景怎么办？难道就因此认同自己不行了吗？没有背景，可以去创造背景！"

——马云

在这个流行"拼爹"的年代，很多年轻人喜欢抱怨自己的出身不好，没有一个富爸爸或者官爷爷。说到这个，马云最有发言权了：在马云创业之初，除了梦想，几乎一无所有。没有钱，没有家庭背景，也没有社会关系。可以说，马云是最典型的草根代表。

1964年10月15日，马云出生在浙江杭州西子湖畔的一个普通人家，父母都是半文盲，家中有三个孩子。马云很小的时候，父亲常带他去看戏，据媒体报道，马云小时候受父亲影响还曾上台表演过相声。不过，马云显然对父亲的那一套不是很感兴趣，多年后他自己坦言：

“我对戏里的唱腔丝毫不感兴趣，倒是对武生们在台上的好身手佩服不已，于是学起散打和太极拳来。”

据马云说，他父亲脾气很坏，童年的他是在父亲的拳脚下度过的。有一次，他跟人打架，鼻子被打歪了，鲜血直流，对方家长反而闹到他家里，父亲百般替他赔礼道歉。等人家走后，父亲把他拉到一旁，气得说不出话。当时，身边正好有一根扫帚，父亲操起来准备打他一顿，然而又放下了，他重重地叹了口气说，“你知道错了吗?”马云心里非常委屈，不服气，就说：“没错!”两个人说着竟然吵起架来。他知道父亲不认识字，也没学过英语，他就用英语跟父亲吵架。

面对他的无礼，父亲并没生气，反而大笑，摸了摸他的脑袋，说：“既然你能用英语跟我吵架，那么，以后就请你认真学好英语。你学好了英语，我就不打你了。”为了提高英语水平，马云每天上街找外国人对话。从初中到高中，马云其他各科成绩都很一般，唯有英语，几乎包揽了大小英语考试的年级第一名。但是光英语好没什么用，总成绩低就无法上大学，再加上他还是那么爱惹事，父子间的关系一直没有好转，父子吵架愈演愈烈，后来发展到一点琐事也会吵架。

成功后的马云不忘当年跟父亲吵架时的情景，他说：“每一次，我们都吵得很激烈，谁也不能说服谁，最后自然都是我赢了，因为我父亲根本就听不懂英语。”

成功人士都有一个共同的特征，就是比起记仇，他们更善于感恩，更喜欢记住别人的好。马云虽然对父亲的打骂有印象，但是他对于父亲的好更是记忆犹新。

马云的妈妈曾经对调皮的儿子有过放弃的念头，她还劝过老伴儿：“孩子天生就这样了，你就别对他要求太多了!”马云的父亲却说：“每个人都会有各种各样的不足或缺点，但是每个人都会有闪光点，我只是用最适合他的方式教育他，挖掘出他的闪光点。”马云的英语就是在父亲的“非常”鼓励下练就的。当然，父亲对他的影响还不止于此。

马云第一次高考落榜之后，陷入了人生低谷。父亲并没有强迫他去读书，而是托关系给他找了一个蹬三轮车送货的工作。马云上了几天班，累得受不住了，回到家没事找事和父亲吵架，父亲反而沉默以对。马云讨了个没趣，第二天一大早就羞愧地出门干活了。终于等他不叫苦连天的时候，父亲才找了一个合适的时机跟他说：“你每天蹬三轮车20多千米路来来回回都不怕累，既然连蹬三轮车的苦都能吃，为什么吃不了读书的苦呢？为什么就不能再给自己一次机会呢？”至此，马云才明白了父亲的良苦用心。父亲的话让他下了决心：参加第二次高考！而他的命运也自此改变。

马云就是这样一个出身普通家庭的平凡人。但是他从来没有抱怨过自己的出身问题，他觉得没有高贵华丽的背景反而是好事，可以逼着自己去奋斗，去创造出“背景”来。

马云在卸任CEO的演讲中说：“工业时代是论资排辈，永远需要有一个富爸爸，但是今天我们没有，我们拥有的就是坚持和理想。”生活中，有一些人总是抱怨他们没有一个好的出身，没有显赫的家世。但是我们的出身从出生的那一刻起就被定格了，抱怨出身对于自己未来的命运毫无帮助。

事实上，可以决定我们人生的只有我们自己，只要我们相信自己，无论命运如何、出身如何，机会总是会出现的。

2008年，奥巴马当选为美国首位黑人总统，聚集在伊利诺伊州芝加哥市格兰特公园内的13万支持者顿时沸腾了。2012年，奥巴马又成功连任。

奥巴马和大多数人一样，并没有优越的家庭背景。奥巴马的父亲出生在肯尼亚西部一个贫穷的小村庄，当过放牛娃，后来因为一个很偶然的机会去美国读书，与奥巴马的母亲邓纳姆相遇，生下奥巴马。但是没过几年，奥巴马的父母就结束了他们的婚姻，并各自组建了家庭。奥巴马的童年是在夏威夷，和外祖父、外祖母一起度过的。

贫苦的出身并没有阻挡奥巴马向上攀登的步伐，他1983年获哥伦比亚大学文学学士学位之后，又在1991年获哈佛大学法学院法学博士学位。当然，这样的学历也并不足以让一个非洲裔的青年人在政坛平步青云。

毕业后奥巴马成为一名律师，但渴望成功的他不甘于此，他想从政，想当州议员。经过不懈的努力和多方筹措，2004年，奥巴马终于成为了国会参议院内唯一的黑人议员。但是，在整个参议院里面，奥巴马是唯一需要自己去报税的人。

一直到2004年7月，民主党召开全国代表大会，奥巴马被指定在第二天做“基调演讲”。奥巴马以其极具魅力的演说，灿烂的笑容俘获许多民众的心。一跃成为首位在初选前民调获得全国性支持的明日之星。奥巴马在短短两年多的时间里就已在政坛掀起一股旋风。

奥巴马是一个从美国社会底层走出来的男孩，他没有殷实的家庭背景可依靠，但是他凭着自己的努力，一步步走向成功，再现了一个真实、生动的“美国梦”。

萨迪说：“假如你的品德十分高尚，莫为出身低微而悲伤，蔷薇常在荆棘中生长。”或许我们没有一个良好的出身和家庭背景，或许我们的先天条件没有别人好，但是只要我们敢于正视自己的劣势，敢于选择成功的道路，我们一样能走出精彩的人生。

艰难的环境虽能毁灭人，更能造就人；它毁灭的是庸夫，而造就的往往是伟人！那些真正杰出的人物，绝大多数都是突破逆境，崛起于寒微。即使出身低微、命运坎坷，即使挫折不断、屡屡失败，但请记住一定不要悲伤，要坚定地选择自己的人生道路和目标，相信自己的能力，并不断为之付出，总会有梦想成真的一天。

在社会竞争日益激烈的今天，论资排辈的时代已经成为永久的过去，我们只有靠自己的力量，努力拼搏，才能做出一番非凡的事业来。

一蹴而就的成功，那只是神奇的传说

“听说过捕龙虾致富的，没听说过捕鲸致富的。”

——马云

时至今日，马云虽然已经获得了事业上的成功，可他依旧很谦虚，他常说：“一个人认为自己很成功的时候，也是开始走向失败的时候。”

在外界看来，阿里巴巴是一个很成功的企业，但在马云的眼中，阿里巴巴却有着不少内忧外患。他从来不认为自己的成功是一蹴而就的，他常说：“我觉得公司危机很大，要不我怎么可能这5年来没有重过一斤肉，而且现在越来越瘦呢？”马云有点调侃地说，“我以前想公司大点可能自己就轻松了，现在发觉公司越大越累，CEO天天想的就是公司的危机在哪里。”

马云认为，阿里巴巴的内部危机在于电子商务正在高速发展，在未来几年也许会出现井喷现象，他担心的是，阿里巴巴是否已经做好准备应对了。马云说：“我们员工的平均年龄在30岁以下，现在已有

20000多人，我们做的行业已经形成产业链了。有的时候会发现行业发展起来了，但跟我们的企业却没什么关系，因为人家起来了，你反而滑了下去。所以，我非常担心公司内部的管理能不能迎合网络的发展，我们是否有足够的人才来解决这些问题。”

对于阿里巴巴外部存在的危机，马云认为更大。马云分析，现在阿里巴巴和淘宝网越来越强大，这种强大是现阶段的强大，这对行业、对公司非常不好，“我提出解决这个问题的方式是建立产业链和生态链”。为了解决这些危机和难题，阿里巴巴的高管一直在研讨这些问题并企图找出解决办法，甚至到蒙牛集团去取经，看蒙牛是怎么帮助奶农实现增收的。

“你想，那么多奶农都赚了钱，蒙牛能不赚钱吗？”马云说，“如果阿里巴巴、淘宝网的千万网商都能赚钱，我们也不可能赔钱。”

“第一，要相信自己的理想；第二，要坚持；第三，边工作边学习，要是停止学习就会走向失败；第四，做正确的事和正确地做事。首先要选择正确的方向，如果方向错了，做得越快死得越快，我现在感觉很幸运，阿里巴巴选择了电子商务这么一个正确的方向。”马云如是说道。

尽管经营企业遇到危机和难题，但马云认为，只要坚持自己的信念和梦想，并且用科学的方法去管理，企业总会一天天长大。马云在如此成功之后，仍然具有忧患意识和如此的上进心，可见他的成功绝不是一步登天的，他是一步步脚踏实地、稳扎稳打获得成功的。

如马云一般，每个人的人生路上，可能会春风得意，也可能会坎坷不平。无论如何，我们都要坚持走下去。荣耀也好，屈辱也罢，我们都要以平和的心态去面对，要少一些无奈感慨，多一份从容淡然。

人们常说，对目标的执着追求可以去高就，但是做事情的时候心态一定要低就。人只有经历了挫折、拒绝、打击、折磨和否定，才能让自己的内心变得更加强大。所以，我们要把心态放平，即使面对无奈的现实，也要做到内心强大。

简单来说，把心态放平，就是做人要有理想，但不要过于理想化；把心态放平，就是要先调整自己的心情，再解决事情；把心态放平，关键就是要有勇气做你自己。俗话说：一口吃不成胖子。凡是那些令人瞩目的成就，没有哪个是一夜之间取得的；成功者若没有经过长时间的积累，是不可能获得“登天”的成绩的。

有一年夏天，一位小伙子登门拜访年事已高的爱默生。来者自称是一个诗歌爱好者，从小就开始诗歌创作，但由于地处偏僻，一直没有名师的指点，所以千里迢迢前来寻求爱默生的指导。这位青年诗人谈吐优雅，气度不凡，爱默生与他交谈得十分融洽，对他非常欣赏。

临走时，青年诗人留下了薄薄的几页诗稿。

爱默生读了这几页诗稿后，认定这位乡下小伙子在文学上将会前途无量，决定凭借自己在文学界的影响大力提携他。

爱默生将那些诗稿推荐给文学刊物发表，但反响不大。他希望这位青年诗人继续将自己的作品寄给他。于是，老少两位诗人开始了频繁的书信来往。

青年诗人的每次来信都长达几页，大谈特谈文学问题，激情洋溢，才思敏捷，表明他的确是个天才诗人。爱默生对他的才华大为赞赏，在与友人的交谈中经常提起这位诗人。青年诗人很快就在文坛有了一点名气。

但是，这位青年诗人以后再也没有给爱默生寄诗稿来，信却越写越长，奇思异想层出不穷，言语中开始以著名诗人自居，语气越来越傲慢。

爱默生开始感到了不安，凭着他对人性的深刻洞察，他发现这位年轻人身上出现了一种危险的倾向。

通信一直在继续，爱默生的态度逐渐变得冷淡，成了一个倾听者。

很快，秋天到了。

爱默生去信邀请这位青年诗人前来参加一个文学聚会，他如期而至。

在这位老作家的书房里，两人开始了一番对话：

“后来为什么不给我寄稿子了？”

“我在写一部长篇史诗。”

“你的抒情诗写得很出色，为什么要中断呢？”

“要成为一个大诗人就必须写长篇史诗，小打小闹是毫无意义的。”

“你认为你以前的那些作品都是小打小闹吗？”

“是的，我是个大诗人，我必须写大作品。”

“也许你是对的。你是个很有才华的人，我希望能尽早读到你的大作品。”

“谢谢，我已经完成了一部，很快就会公之于世。”

文学聚会上，这位被爱默生所欣赏的青年诗人大出风头。他逢人便谈他的伟大作品，表现得才华横溢，锋芒毕露。虽然谁也没有拜读过他的大作品，即便是他那几首由爱默生推荐发表的小诗也很少有人拜读过。但几乎每个人都认为这位年轻人必将成大器。否则，大作家爱默生能如此欣赏他吗？转眼间，冬天到了。

青年诗人继续给爱默生写信，但从不提起他的大作品。信越写越短，语气也越来越沮丧，直到有一天，他终于在信中承认，长时间以来他什么都没写。以前所谓的大作品根本就是子虚乌有之事，完全是他的空想。

他在信中写道：“很久以来我就渴望成为一个大作家，周围所有的人都认为我是个有才华有前途的人，我自己也这么认为。我曾经写过一些诗，并有幸获得了阁下您的赞赏，我深感荣幸。但使我深感苦恼的是，自此以后，我再也写不出任何东西了。不知为什么，每当面对稿纸时，我的脑中便一片空白。我认为自己是个大诗人，必须写出大作品。在想象中，我感觉自己和历史上的大诗人是并驾齐驱的，包括和尊贵的阁下您。

“但是在现实中，我对自己深感鄙弃，因为我浪费了自己的才华，再也写不出作品了。而在想象中，我是个大诗人，我已经写出了传世之作，已经登上了诗歌的王位。

“尊贵的阁下，请您原谅我这个狂妄无知的乡下小子……”

从此后，爱默生再也没有收到这位青年诗人的来信。

人生从来没有一蹴而就的成功，不轻视自己所做的每一件事，坚持不懈地努力，这就是厚积薄发的妙处。唯有厚积，拥有一颗不断进取的心，不断地积累，才能使自己更强大；也唯有薄发，最后的能量才会闪耀出惊人的光彩。

有一位年轻的画家刚出道时，三年也没有卖出去一幅画，生活窘迫的他感到很苦恼。于是，他便去求助一位全国知名的老画家。

在老画家的家里，年轻画家将自己的苦恼向老画家倾吐了出来，他说为什么整整三年了自己居然连一幅画都卖不出去。

那位老画家并不吃惊，反而问他的一幅画大概需要多少时间完成，年轻人的回答是大概一两天，最多不超过三天。

老画家语重心长地对他说：“年轻人，其实我也是像你这样的啊！不过是把时间颠倒过来罢了。我用三年的时间去画一幅画，当画好了以后，不到三天就卖出去了。你那方法不行，要不就试试我的方法吧！”

年轻画家听了老艺术家的话，有所感悟，匆匆道谢离开了。最终他成功了，他的画变得异常抢手。

显然，马云和年轻画家的成功都不是一蹴而就的，只有那些静下心来应对长时间的苦难与挫折的人，才能够绳锯木断、滴水穿石，最终取得成功。

也许生命真的是一个奇迹，从来没有不劳而获的事情，也没有一步登天的神话。任何让人羡慕的成就，都需要经历漫长的等待和付出，如同蝴蝶破茧一样，谁没有体会过如蝶蛹般的疼痛和无助呢？

也许那些一步登天的人最开始都是无人知晓，更是无人喝彩的，他们只有自己给自己打气，在漫长的等待与煎熬中长成了一棵参天大树，然后才会被路过的人发现。真的，那些看似“一步登天”的人靠的不是运气，只是在漫长的努力过程中默默无闻罢了。